Diagnostizieren & Fördern

Ein Kernanliegen von Schule ist es, für jede Schülerin und jeden Schüler ein **individuelles Leistungsprofil** zu erstellen und jedes Kind entsprechend seinen Möglichkeiten zu fordern bzw. zu fördern.
Schriftliche Leistungsüberprüfungen, Lernstandserhebungen u. Ä. können Aufschluss geben, reichen aber nicht aus, um ein dezidiertes Leistungsprofil einer Schülerin oder eines Schülers zu erstellen. Dazu müssen unterschiedliche Ebenen beachtet werden:

Ebene I Persönlichkeit	Ebene II Lebens- und Schulsituation	Ebene III Mathematikunterricht

Ebene I: Persönlichkeit
- allgemeines Leistungsvermögen: Lernbereitschaft, Merkfähigkeit ...
- Arbeitsverhalten: Belastbarkeit, Konzentrationsfähigkeit, Aufmerksamkeitsstörungen ...
- soziales Verhalten: Fähigkeit zur Kooperation, aggressives Verhalten ...
- Beziehung zur Lehrperson: positive oder negative Grundhaltung
- individuelle Interessen und Neigungen

Ebene II: Lebens- und Schulsituation
- allgemeine Lebenssituation: behütendes Elternhaus, besondere familiäre Belastungen ...
- schulische Situation: schulische Entwicklung

Ebene III: Unterricht
- subjektive Einstellung zum Schulfach
- Leistungsbereitschaft
- Beherrschung fachlicher Inhalte, Begriffe und Methoden
- Verwendung von Medien und Werkzeugen
- Fähigkeit, fachliche Sachverhalte zu verstehen und Verstandenes zu nutzen
- Fähigkeit, fachliche Sachverhalte zu kommunizieren und verständlich zu argumentieren

Die Ebenen I und II lassen sich naturgemäß durch die Schule nur bedingt beeinflussen.
Die vorliegenden Materialien unterstützen die Arbeit in Bezug auf die Ebene III.
Das Themenheft zum *Diagnostizieren und Fördern im Fach Mathematik für die Jahrgangsstufen 7 und 8: Rationale Zahlen und Prozente, Zuordnungen und Funktionen, Daten und Zufall* ist in speziellen Förderstunden, im Unterricht oder auch zur häuslichen Übung einsetzbar. Sämtliche Arbeitsblätter sind so gestaltet, dass die Schülerinnen und Schüler ohne weitere Erläuterungen mit ihnen arbeiten können. Es sollte aber in jedem Fall **Ansprechpartner** zur Klärung von Lernwegen geben. Ihre Funktion besteht zum einen darin, bestimmte Teile der Lösungen zu kontrollieren, was bei offenen und halboffenen Aufgabenformaten erforderlich ist; geschlossene Aufgaben können dagegen auch von Mitschülern korrigiert werden. Zum anderen sollten die Mentorinnen und Mentoren auf der Grundlage der bearbeiteten Materialien so oft wie möglich mit einzelnen Schülern kurze Beratungsgespräche führen, um Rückmeldungen über bereits erreichte Kompetenzen zu geben und fehlerhaft gelöste Aufgaben gemeinsam zu analysieren und zu reflektieren. Auf diesem Wege werden für die Lernenden Fehler verstehbar, und neue kognitive Herangehensweisen an Problemstellungen können vorbereitet werden.
Für den Doppeljahrgang 7/8 werden zwei Themenhefte mit unterschiedlichen Schwerpunktthemen angeboten. Im **vorliegenden Themenheft** erfolgt eine Fokussierung auf **drei Schwerpunktthemen:**
① **Rationale Zahlen und Prozente:** Grundverständnis, vergleichen und ordnen, rechnen
② **Zuordnungen und Funktionen:** Funktionen, Graphen, Texte und Tabellen von Funktionen, proportionale und antiproportionale Zuordnungen
③ **Daten und Zufall:** Daten auswerten und darstellen, theoretische und statistische Wahrscheinlichkeiten

(In einem weiteren Themenheft für den Doppeljahrgang 7/8 geht es um die Schwerpunktthemen ① Brüche, ② Flächen und Körper, ③ Dezimalzahlen).

Zu jedem Schwerpunktthema gibt es folgende Materialien:
1. Eine **Lernstandsermittlung,** die einen vertiefenden Blick auf fachliche Fähigkeiten erlaubt und mögliche Stärken und Probleme aufdeckt. Im Zuge der **Auswertung der Lernstandsermittlung** werden Hinweise darauf gegeben, mit welchem Fördermaterial gearbeitet werden sollte.
2. **Fördermaterial** für unterschiedliche Kompetenzstufen, das ein selbstständiges Arbeiten und Üben ermöglicht.
3. Eine auf die erste Lernstandsermittlung rückbezogene **Erfolgsüberprüfung,** die Schlüsse darauf zulässt, in welchem Maße sich Fähigkeiten weiterentwickelt haben.

1. Lernstandsermittlungen und Fehleranalyse
Fehler, die Kinder und Jugendliche in der Auseinandersetzung mit Problemstellungen machen, sind nicht unbedingt als etwas Negatives zu bewerten, sie können auch als Grundlage für die Erarbeitung objektiv korrekter Lösungsstrategien dienen. Fehler zeigen meist, an welchem Punkt sich ein Lernender zurzeit befindet und welche fachlichen Hilfsmittel ihm momentan zur Lösung eines Problems zur Verfügung stehen. Um feh-

lerhafte Denkstrategien aufzuschlüsseln, ist es hilfreich, sich in diese einzudenken.
Besonders aufschlussreich ist dazu die **prozessbegleitende Fehleranalyse,** bei der Schülerinnen und Schüler ihre Denkprozesse erläutern. Dies kann entweder durch mündliche oder durch schriftliche Erklärungen erfolgen. Die prozessbegleitende Fehleranalyse durch mündliche Erläuterungen eignet sich insbesondere für den (Förder-)Unterricht mit sehr kleinen Lerngruppen oder den Einzelunterricht, denn sie ist sehr zeitaufwändig und erfordert die vollkommene Zuwendung einer Person. Schriftliche Verfahrensweisen, z. B. mithilfe von Lerntagebüchern, können auch in größeren Gruppen sinnvoll eingesetzt werden.
Bei der **ergebnisorientierten Fehleranalyse** werden Fehler in Schülerarbeiten (z. B. Übungs- oder Hausaufgaben) auf Gesetzmäßigkeiten überprüft. Erfahrene Lehrkräfte sehen häufig schnell an der Art des Fehlers, welche Strategie zugrunde lag und können mit den Kindern *gemeinsam* gezielt an der entsprechenden Stelle weiterarbeiten.
Die **Lernstandsermittlungen** dieses Heftes unterstützen sowohl die Lehrkraft als auch die Schüler bei der Fehleranalyse, indem sie durch gezielte Aufgabenstellungen insbesondere systematische Fehler im Sinne einer ergebnisorientierten Fehleranalyse herausfordern. Das Material sollte ohne Notendruck und ohne zeitliche Beschränkung eingesetzt werden. Die voraussichtliche Bearbeitungszeit jeder Lernstandsermittlung beträgt ca. 20 – 30 Minuten.
In den Lernstandsermittlungen wird ein breites Spektrum an Kompetenzebenen abgebildet. Die Ergebnisse der Auswertungen haben Hinweischarakter auf mögliche Kompetenzen und Schwächen der Lernenden. Aufgrund der jeweiligen Rahmenbedingungen am Testtag (Schülerin X/Schüler Y kann sich an diesem Tag schlecht konzentrieren, eine Aufgabenstellung wird missverstanden ...) können Einzelergebnisse beeinflusst werden. Deshalb ist es bei Auffälligkeiten empfehlenswert, unterstützend weitere Aufgaben zur Einschätzung einzusetzen, die sich auf die gleiche Kompetenzebene beziehen. Grundsätzlich gilt:
Je mehr Aufgaben zu einer Kompetenzebene durchgearbeitet und analysiert werden, desto sicherer ist auch die Diagnose.
Parallel zur Durchführung der Lernstandsermittlungen erhalten die Schülerinnen und Schüler die Möglichkeit, ihre **Kompetenzen selbst einzuschätzen:**
Die Aufgabe war:

sehr leicht	eher leicht	eher schwierig	sehr schwierig
☺	☺	☹	☹

Dies hat mehrere Vorteile:
Wer seine Kompetenzen und Fähigkeiten selbst reflektiert und seine Stärken und Schwächen in Bezug auf den konkreten Inhalt erkennt, wird eher dazu bereit sein, sich aktiv mit seinem Lernprozess auseinanderzusetzen und Selbstvertrauen und Verantwortung für das eigene Lernen zu übernehmen.
Die eigene Kompetenzeinschätzung kann zum Anlass genommen werden, ein Lerntagebuch zu führen. Die Einschätzungen zu den Kompetenzen können aufgrund der Lernstandsermittlungen überprüft werden, in Form von Stärken und Lernzielen formuliert werden, als Grundlage für einen individuellen Förderplan[1] dienen und später wieder aufgegriffen und neu überprüft werden.
Die eigenen Reflexionen der Schülerinnen und Schüler helfen bei der Einschätzung durch die Lehrkraft und können in die Dokumentation des individuellen Leistungsprofils eingefügt werden. Unterschiedliche Sichtweisen von Kompetenzen können als Anlass zur gemeinsamen Diskussion dienen.
Das vorliegende Diagnosematerial unterstützt bei der Fehleranalyse, indem es einerseits durch gezielte Aufgabenstellungen bestimmte systematische Fehler im Sinne einer ergebnisorientierten Fehleranalyse herausfordert und andererseits Denkprozesse teilweise durch Einfordern schriftlicher Erläuterungen transparent macht. Hinter den Auswertungsanleitungen befinden sich in den **Kommentaren und Förderempfehlungen** Tipps zur Fehleranalyse. Diese erlauben einen genaueren Blick auf die Fehlerarten und geben konkrete Hinweise auf Fördermöglichkeiten und -materialien.
Es ist empfehlenswert, bei der Auswertung des Diagnosematerials Fehler nicht nur in einer Übersicht zu dokumentieren, sondern die Fehlerart zu notieren. Auf diese Weise ist es leichter, später einen geeigneten Förderplan zusammenzustellen.
Die **Auswertung der Lernstandsermittlungen** sollte möglichst zeitnah nach dem Schreiben erfolgen.
Bei geschlossenen Aufgaben ist es möglich, die Schülerinnen und Schüler während der Nachbesprechung wechselseitig korrigieren zu lassen, weil in diesem Fall lediglich zwischen richtig und falsch unterschieden werden muss.

2. Fördermaterial

Die sich aus der Lernstandsermittlung ergebenden Förderschwerpunkte sollten mit dem Kind besprochen werden, damit es den folgenden Lernweg reflektiert beschreiten kann. Nur so werden Schülerinnen und

1 Der Begriff „Förderplan" wird hier zusammenfassend für „Forder- und Förderpläne" verwendet unter der Annahme, dass es sich um einen auf die speziellen Lernbedürfnisse der Schülerinnen und Schüler und deren besondere Bedingungen zugeschnittenen Plan handelt.

Schüler auch bereit sein, sich ernsthaft mit den Materialien auseinanderzusetzen und Anstrengungsbereitschaft zu zeigen.
Für jeden Schwerpunkt gibt es verschiedene **Fördermaterialien.** Je nach Ergebnis der Lernstandsermittlung wird mit einem anderen Material gearbeitet. Das im Heft angebotene Fördermaterial hat *exemplarischen Charakter,* es stellt kein vollständiges Förderprogramm dar. Um eine intensive Förderung zu gewährleisten, muss das Material durch ähnlich gestaltete Übungen ergänzt werden. Darüber hinaus befinden sich in den **Kommentaren und Förderempfehlungen** weitere Hinweise für sinnvolle Tätigkeiten im jeweiligen Zusammenhang. Die Materialien sind als Lernaufgaben, nicht als Überprüfungsaufgaben (z. B. für Klassenarbeiten) gestaltet.

3. Erfolgsüberprüfung
Am Ende des Kapitels zu einem Schwerpunktthema befindet sich eine Lernfortschrittsermittlung, die eingesetzt werden sollte, wenn das vorhandene und weiteres Fördermaterial bearbeitet worden sind. Auf der Grundlage der Erfolgsüberprüfung kann entschieden werden, ob ein weiterer, komplexerer Übungsbereich angegangen werden sollte.

Das Material in diesem Themenheft
Schwerpunktthemen dieses Themenheftes für die Jahrgangsstufen 7 und 8 sind:

① **Rationale Zahlen und Prozente:** Grundverständnis, vergleichen und ordnen, rechnen
② **Zuordnungen und Funktionen:** Funktionen, Graphen, Texte und Tabellen von Funktionen, proportionale und antiproportionale Zuordnungen
③ **Daten und Zufall:** Daten auswerten und darstellen, theoretische und statistische Wahrscheinlichkeiten

In Bezug auf die Lernstandsermittlungen und Erfolgsüberprüfungen der Schwerpunktthemen ist Folgendes anzumerken:

① **Rationale Zahlen und Prozente: Grundverständnis, vergleichen und ordnen, rechnen**
Sowohl die Lernstandsermittlung als auch die Erfolgsüberprüfung sollten ohne Taschenrechner bearbeitet werden. Die Benutzung des Taschenrechners kann hier Erkenntnisse verdecken, z. B. über Vorstellungen vom Zahlenstrahl, des Verständnisses der Vorzeichenregeln etc. Die Auswertungen können selbstständig durch die Schülerinnen und Schüler erfolgen. Da die Aufgabe 8 neben den Grundbegriffen der Prozentrechnung auch das Textverständnis überprüft, könnte eine gemeinsame Besprechung mit der Lehrkraft hilfreich sein.

② **Zuordnungen und Funktionen: Funktionen, Graphen, Texte und Tabellen von Funktionen, proportionale und antiproportionale Zuordnungen**
Die Auswertungen der Lernstandsermittlung und der Erfolgsüberprüfung können weitgehend durch die Schülerinnen und Schüler selbst erfolgen. Zu den Aufgaben 1a) sind sowohl in der Lernstandsermittlung als auch bei der Erfolgsüberprüfung Begründungen gefordert. Diese sollten durch die Lehrkraft selbst korrigiert werden; es ist auch möglich, die verschiedenen Begründungen der Schülerinnen und Schüler zur Wiederholung des Funktionsbegriffs im Unterricht zu besprechen. Die Benutzung eines Taschenrechners ist nicht erforderlich, aber möglich.

③ **Daten und Zufall: Daten auswerten und darstellen, theoretische und statistische Wahrscheinlichkeiten**
Die Auswertungen der Lernstandsermittlung und der Erfolgsüberprüfung können weitgehend durch die Schülerinnen und Schüler selbst erfolgen. Bei den Aufgaben 2b) ist jeweils eine Begründung gefordert. Diese sollten entweder durch die unterrichtende Lehrkraft korrigiert oder im Unterricht gemeinsam bewertet und korrigiert werden. Wegen der Berechnungen von Mittelwerten, von relativen Häufigkeiten und der notwendigen Prozentrechnung sollten die Schülerinnen und Schüler einen Taschenrechner benutzen dürfen.

Bei manchen Lernstandsermittlungen und Erfolgsüberprüfungen wird ein zusätzliches Blatt zum Notieren einiger Lösungen benötigt. Wenn die Lehrperson selbst korrigiert, ist es grundsätzlich sinnvoll, unmittelbar **Förderempfehlungen** zu vermerken.
Nach der Auswertung und Besprechung der Ergebnisse sollten auf der Basis der Lernstandsermittlungen und ggf. der Selbsteinschätzungen intensive Gespräche zwischen Schülerinnen und Schülern mit Förderbedarf und der Lehrkraft bzw. Mentorin oder dem Mentor erfolgen, in denen bestehende Kompetenzen und Schwierigkeiten durchleuchtet und die individuelle Weiterarbeit besprochen wird.
Die **Fördermaterialien** sind in der Regel so konstruiert, dass sie ein tieferes Verständnis des jeweiligen Inhalts durch eigenes Tun und Reflektieren anbahnen oder bestimmte Aspekte durch Abgrenzung von Fehlerhaftem herausstellen. Viele der Materialien sind für zwei oder mehr Lernpartner konzipiert, um die Schülerinnen und Schüler im Sinne des mathematischen Argumentierens und Kommunizierens miteinander ins Gespräch zu bringen. Viele Aufgaben enthalten Selbstkontrollen oder Hilfekarten, die zusammen mit dem Fördermaterial vorbereitet und bereitgestellt werden sollten. Spezielle Piktogramme weisen auf Partnerarbeit und „Selbstkontrolle ungeordnet" hin.

RATIONALE ZAHLEN UND PROZENTE

LERNSTANDSERMITTLUNG

Name: ______________________ Klasse: __________ Datum: ______________

Lies die Aufgaben genau durch und beantworte sie dann in Ruhe.
Du benötigst für einige Aufgaben ein zusätzliches Blatt.
Nach jeder (Teil-)Aufgabe kreuze an, wie du sie empfunden hast.

1. a) Ergänze die Zahlen, die mit Pfeilen gekennzeichnet sind.

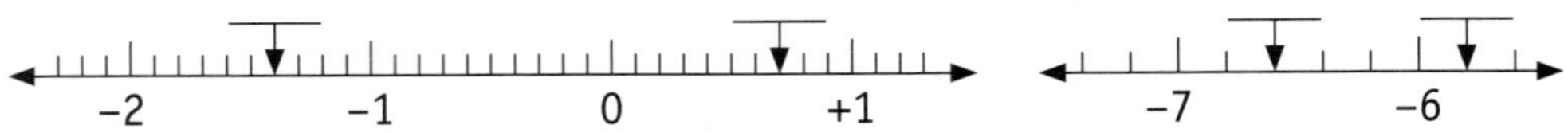

b) Trage auch $-1{,}9$; $+0{,}3$; $-1\frac{1}{5}$; $-\frac{3}{4}$ auf der Zahlengeraden (links) ein.

2. Rechne im Kopf.

a) 3 + (−7) = ____ **b)** 3 − (+7) = ____ **c)** −2,6 + 2,1 = ____ **d)** −36,8 + 36,7 = ____

−7 + (+4) = ____ −4 − ____ = −6 −2,7 − (−2) = ____ − ____ −2,1 = −2

3. a) Der Abstand der Zahlen −1,7 und +2,4 ist gesucht.
Die Rechenaufgabe dazu lautet:

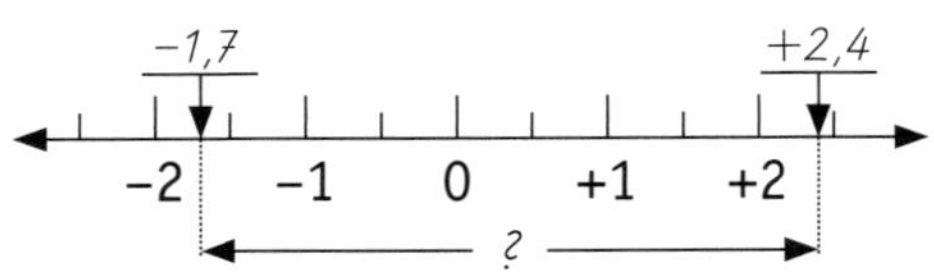

______________________ = ______.

b) Gib alle Zahlen an, die von −1,5 den Abstand 3,5 haben.

4. Rechne im Kopf.

a) (+2) · (+6) = ___ **b)** (−4) · (+8) = ___ **c)** (+48) : (+8) = ___ **d)** (+66) : (−11) = ___

(−3) · (−7) = ___ (+5) · (___) = −45 (−63) : (−9) = ___ (____) : (+12) = 9

5. a) Wie viel Prozent sind eingefärbt? **b)** Färbe den angegebenen Anteil ein.

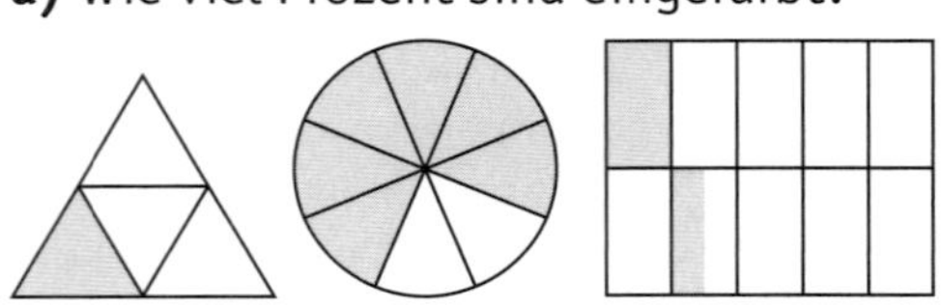

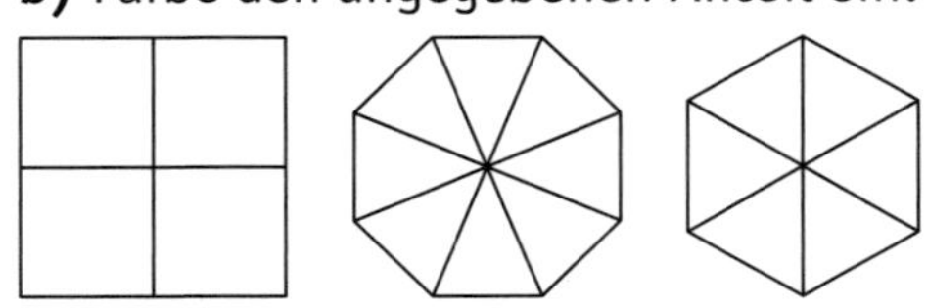

________ ________ ________ 50 % 25 % $66\frac{2}{3}$ %

6. Schreibe in Prozent.

a) $\frac{1}{2}$ = ____ **b)** $\frac{2}{5}$ = ____ **c)** $\frac{3}{8}$ = ____ **d)** $\frac{1}{3}$ = ____

7. Berechne im Kopf.

a) den Prozentwert
20 % von 35 € =
5 % von 280 m =
8 % von 150 Personen =

b) den Prozentsatz
5 l von 50 l =
2 von 200 Personen =
25 kg von 75 kg =

c) den Grundwert
60 cm sind 75 % von
15 g sind 30 % von
9 l sind 4 % von

8. a) Der Bau des Hauses sollte 210 000 € kosten. Bis zum Baubeginn haben sich die Baupreise um 6 % erhöht. Wie viel muss mehr bezahlt werden?

b) Ein MP3-Player wird für 64 € angeboten. Das sind 40 % des ürsprünglichen Preises. Wie viel hat das Gerät ursprünglich gekostet?

c) Deine Klasse bestand bis zu den Sommerferien aus 25 Schülerinnen und Schülern. Nach den Sommerferien waren es 29. Um wie viel Prozent ist deine Klasse gewachsen?

Die Aufgabe war:				
1. a)				
1. b)				
2. a)				
2. b)				
2. c)				
2. d)				
3. a)				
3. b)				
4. a)				
4. b)				
4. c)				
4. d)				
5. a)				
5. b)				
6. a)				
6. b)				
6. c)				
6. d)				
7. a)				
7. b)				
7. c)				
8. a)				
8. b)				
8. c)				

RATIONALE ZAHLEN UND PROZENTE

LÖSUNGEN

1. a) Ergänze die Zahlen, die mit Pfeilen gekennzeichnet sind.

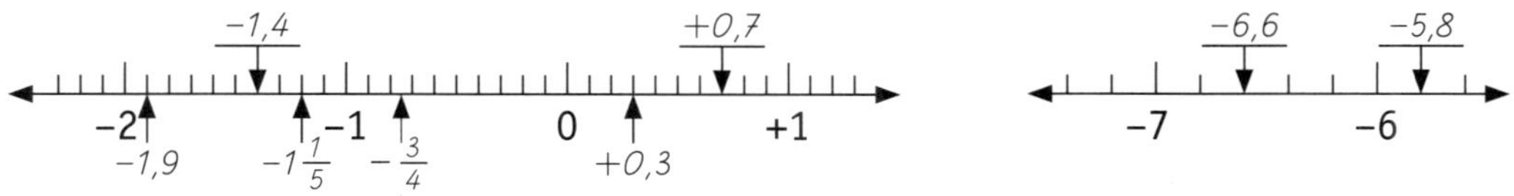

b)

2. Rechne im Kopf.

a) 3 + (− 7) = *− 4* **b)** 3 − (+ 7) = *− 4* **c)** − 2,6 + 2,1 = *− 0,5* **d)** − 36,8 + 36,7 = *− 0,1*

− 7 + (+ 4) = *− 3* − 4 − (*+ 2*) = − 6 − 2,7 − (− 2) = *− 0,7* − (*− 0,1*) − 2,1 = − 2

3. a) Der Abstand der Zahlen − 1,7 und + 2,4 ist gesucht.
Die Rechenaufgabe dazu lautet:
+ 2,4 − (− 1,7) = *4,1*.

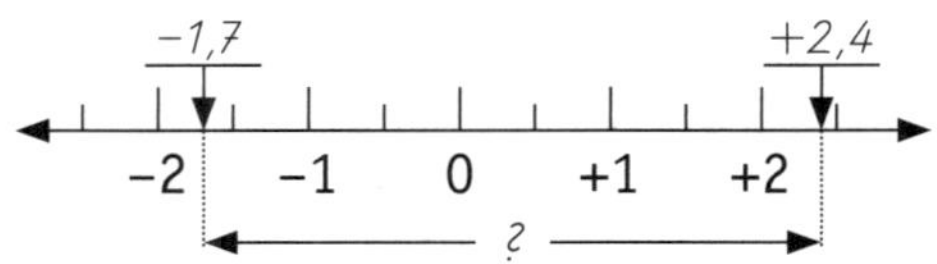

b) Gib alle Zahlen an, die von − 1,5 den Abstand 3,5 haben: *− 5; + 2*.

4. Rechne im Kopf.

a) (+ 2) · (+ 6) = *+ 12* **b)** (− 4) · (+ 8) = *− 32* **c)** (+ 48) : (+ 8) = *+ 6* **d)** (+ 66) : (− 11) = *− 6*

(− 3) · (− 7) = *+ 21* (+ 5) · (*− 9*) = −45 (− 63) : (− 9) = *+ 7* (*− 108*) : (+ 12) = − 9

5. a) Wie viel Prozent sind eingefärbt? **b)** Färbe den angegebenen Anteil ein.

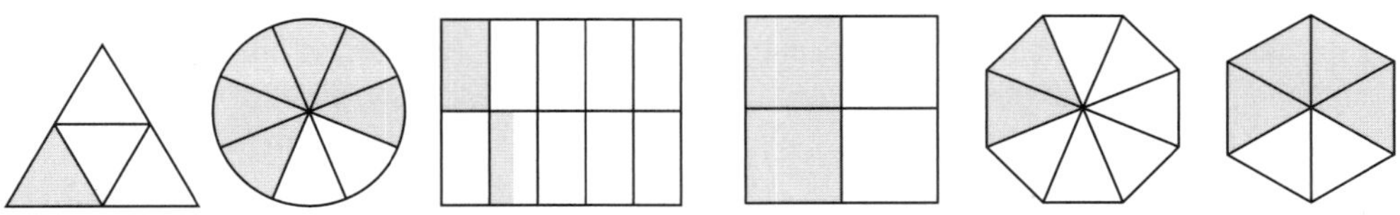

25 % *75 %* *15 %* 50 % 25 % $66\frac{2}{3}$ %

6. Schreibe in Prozent.

a) $\frac{1}{2}$ = *50 %* **b)** $\frac{2}{5}$ = *40 %* **c)** $\frac{3}{8}$ = *37,5 %* **d)** $\frac{1}{3}$ = *$33\frac{1}{3}$ % ≈ 33,3 %*

7. Berechne im Kopf.

a) den Prozentwert
20 % von 35 € = *7 €*
5 % von 280 m = *14 m*
8 % von 150 Personen = *12 Pers.*

b) den Prozentsatz
5 l von 50 l = *10 %*
2 von 200 Personen = *1 %*
25 kg von 75 kg = *$33\frac{1}{3}$ %*

c) den Grundwert
60 cm sind 75 % von *80 cm*.
15 g sind 30 % von *50 g*.
9 l sind 4 % von *225 l*.

8. a) Es müssen 6 % von 210 0005 € = *12 600 €* mehr bezahlt werden.

b) 1 % entsprechen 64 € : 40 = 1,60 €. Der Neupreis, also 100 %, entsprechen *160 €*.

c) $\frac{\text{4 (Prozentwert)}}{\text{25 Grundwert)}} = \frac{\text{Prozentsatz}}{100}$. Die Klasse ist um *16* % gewachsen.

RATIONALE ZAHLEN UND PROZENTE

KOMMENTARE UND FÖRDEREMPFEHLUNGEN

Aufgabentyp	**Beispiele für mögliche Fehler und Fehlvorstellungen**	**Förderempfehlungen**
Zahlen auf der Zahlengeraden erkennen und markieren *(Aufgabe 1)*	Keine oder falsche Lösung(en), da die Anordnung der negativen Zahlen unklar oder nicht bekannt ist Falsche „Leserichtung“ beim Ablesen der negativen Zahlen, *z. B. −2,6 statt −1,4* Einteilung der Zahlengeraden wird nicht erkannt, *z. B. bei 0,2er-Abständen der Skalierung −6,3 statt −6,6 (rechte Zahlengerade)*	• Fördermaterial „Positive und negative Zahlen“ (S. 7), • Veranschaulichung mithilfe von Anwendungsbeispielen (Temperaturen, Höheneintragungen ...), • Zahlen auf dem Zahlenstrahl eintragen und lesen
Addition und Subtraktion von rationalen Zahlen *(Aufgabe 2)*	Addition der Zahlen (Beträge) ohne Beachtung der Vorzeichen, *z. B.* $3 + (-7) = +10$ ↯ *oder* $-7 + (+4) = -11$ ↯ Subtraktion der „kleineren“ von der „größeren“ Zahl (Betrag) ohne Beachtung der Vorzeichen, *z. B.* $3 + (-7) = +4$ ↯ *oder* $-7 + (+4) = +3$ ↯ Rechenfehler, *z. B.* $3 - (+7) = +5$ ↯ *oder* $-2{,}6 + 2{,}1 = -0{,}8$ ↯	• Fördermaterialien zur Addition und Subtraktion (S. 8 - 13, 15), • Veranschaulichung mithilfe von Anwendungsbeispielen (Temperaturänderungen, ...), • Fördermaterialien zu Grundrechenarten aus Jg. 5/6 bzw. zu Brüchen und Dezimalzahlen aus zweitem Heft zu Jg. 7/8
Abstände von Zahlen auf der Zahlengeraden bestimmen *(Aufgabe 3)*	Keine Zuordnung einer Aufgabe Die am Zahlenstrahl rechtsstehende Zahl wird von der linksstehenden Zahl subtrahiert, *z. B.* $-1{,}7 - (+2{,}4) = -4{,}1$ ↯	• Zahlen und Abstände auf dem Zahlenstrahl veranschaulichen, • Eigene Aufgaben erfinden, • Fördermaterial „Subtraktion auf der Zahlengeraden“ (S. 11)
Multiplikation und Division von rationalen Zahlen *(Aufgabe 4)*	Falsche Übertragung der Vorzeichenregeln der Strichrechnung auf die Punktrechnung, *z. B.* $(-3) + (-7) = -11$ *führt zu* $(-3) \cdot (-7) = -21$ ↯ Rechenfehler, *z. B.* $(-3) \cdot (-7) = +24$ ↯ *oder* $(-63) : (-9) = +8$ ↯	• Fördermaterialien zur Multiplikation und Division (S. 17 - 19), • Training Grundrechenarten, • Fördermaterialien aus Jg. 5/6 zu Grundrechenarten
Prozente als Anteile erkennen und angeben *(Aufgabe 5)*	Anteil einer Figur falsch erkannt bzw. zugeordnet, *z. B.* $\frac{1}{5} = 20\,\%$ *statt* $\frac{1}{4} = 25\,\%$ Falsche zugrundeliegende Bruchvorstellung, *z. B. statt 1 von 4 Teilen* $\left(\frac{1}{4}\right)$ *wird zugeordnet: 1 zu 3 Teile* $\left(\frac{1}{3}\right)$ ↯ *oder auch* $\frac{4}{1}$ ↯.	• Fördermaterial „Brüche und Prozente“ (S. 21), • Fördermaterialien zu Brüchen aus zweitem Heft zu Jg. 7/8, • Prozentanteile selbst zeichnen
Umwandlung Bruch in Prozent *(Aufgabe 6)*	Prozent nicht als Hundertstelbruch verstanden oder fehlerhafte Umrechnung des Bruchteils in Prozent, *z. B.* $\frac{1}{4} = 4\,\%$ ↯	• Fördermaterial „Brüche und Prozente“ (S. 21), • Fördermaterialien zu Brüchen aus zweitem Heft zu Jg. 7/8
Berechnung von Prozentwert, Prozentsatz, Grundwert *(Aufgabe 7)*	Berechnungen der Prozentrechnung nicht klar, *z. B.* $5\,\%$ *von* $280\,m = \frac{5}{280}\,m \approx 0{,}018\,m$ ↯ $5\,l$ *von* $50\,l$ *sind* $5 \cdot 50\,l = 250\,l$ ↯ $15\,g$ *sind* $30\,\%$ *von* $\frac{30}{15}\,g = 2\,g$ ↯ Rechenfehler, *z. B.* $5\,l$ *von* $50\,l$ *sind* $\frac{5}{50}\,\% = 5\,\%$ ↯	• Fördermaterialien zu Grundwert, Prozentwert und Prozentsatz (S. 23 - 25), • Wiederholung der Umrechnung Bruch in Dezimalzahl • Rechentraining
Anwendungen der Prozentrechnung *(Aufgabe 8)*	Falsche Zuordnung von Prozentwert, Prozentsatz bzw. Grundwert Rechenfehler, *z. B.* $6\,\%$ *von* $210\,000\,€ = 1260\,€$ ↯ Mangelndes Textverständnis	• Fördermaterial „Grundwert, Prozentwert, Prozentsatz“ (S. 22), • Rechentraining, • Eigene Prozentrechenaufgaben erfinden und lösen

Positive und negative Zahlen

1. Temperaturen unter 0 °C werden als negative Zahlen geschrieben.

a) Lies die Temperaturen ab.

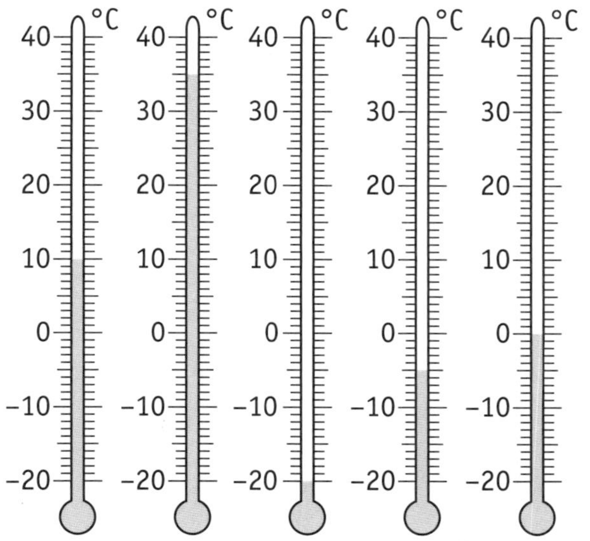

______ ______ ______ ______ ______

b) Zeichne die Temperaturen ein.

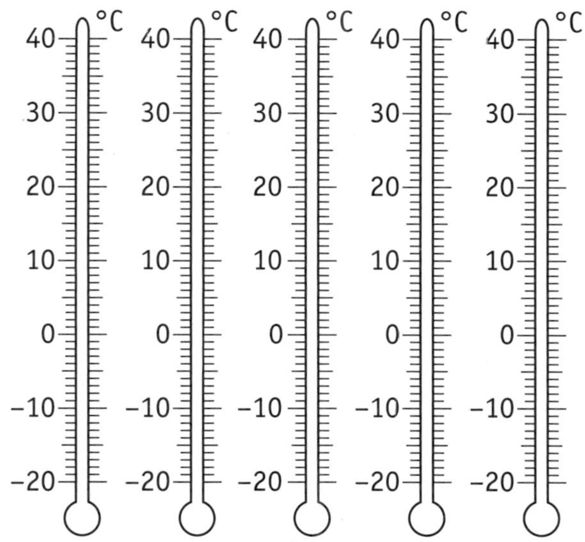

+5 °C   –10 °C   –15 °C   +25 °C   –3 °C

2. Für negative Zahlen ist auf dem Zahlenstrahl kein Platz mehr. Deshalb wird der Zahlenstrahl zur Zahlengeraden erweitert.

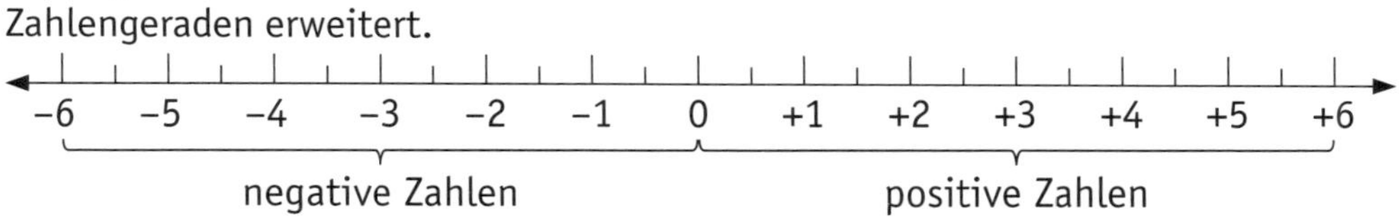

a) Ergänze die Zahlen, die mit Pfeilen gekennzeichnet sind.

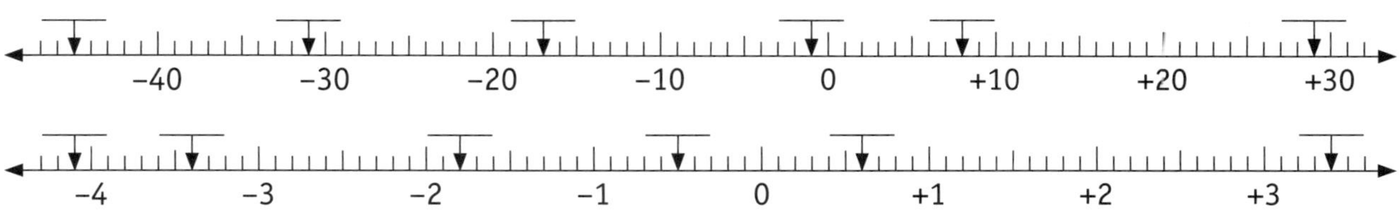

b) Hier wurden einigen Pfeilen falsche Zahlen zugeordnet. Finde die Fehler und verbessere sie.

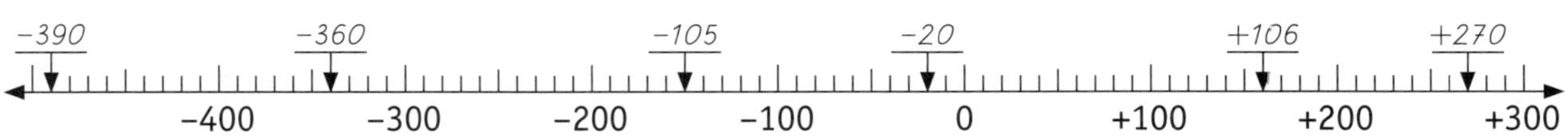

3. Ordne die Zahlen der Größe nach: +1,0; –0,1; +0,01; –1,01; –1,1; +1,11; –0,11; –1.
Beginne mit der kleinsten Zahl.

____

Wenn du dir nicht sicher bist, veranschauliche dir die Zahlen z. B. am Zahlenstrahl.

Selbstkontrolle ungeordnet (ohne Einheiten): –45; –31; –20; –17; –5; –4,1; –3,4; –1,8; –1; –0,5; 0; +0,6; +3,4; +8; +10; +29; +35

Addition mit dem Gutschein-Schuldschein-Spiel

Für 2 bis 4 Lernpartner

Vorbereitung: Jeder Mitspieler stellt einen Nimm-Kreisel und Gut- und Schuldscheine her (Bastelvorlage auf S. 65).

1. Gutschein-Schuldschein-Spiel

Alle Gut- und Schuldscheine kommen in die Kasse. Benutzt den Nimm-Kreisel nacheinander im Uhrzeigersinn. Der jüngste Spieler beginnt. Er darf sich so viele Gut- oder Schuldscheine aus der Kasse nehmen, wie der Nimm-Kreisel anzeigt. Spielt so lange, bis die Kasse leer ist.

a) Überlegt, bevor ihr eure eigenen Spielstände ermittelt: Wenn Simone 4 Gutscheine und 2 Schuldscheine hat und Markus 5 Gutscheine und 3 Schuldscheine, wer besitzt dann mehr? Begründet.

____

Fatma hat 3 Gutscheine und 2 Schuldscheine. Wie ist ihr Spielstand, wenn sie einen Gutschein und einen Schulschein zusammen bekommt?

____

b) Jetzt bestimmt eure eigenen Spielstände. Notiert in der Tabelle.

Spielername				
Gutscheine				
Schuldscheine				
Spielstand				

c) Setzt das Spiel drei weitere Runden fort, obwohl keine Gut- oder keine Schuldscheine mehr in der Kasse sind. Überlegt, wie ihr Gut- und Schuldscheine gerecht verteilen könnt. Tragt eure Spielstände zum Ende des Spiels auf der Skala ein. Wer hat gewonnen?

schlechter *(mehr Schuldscheine)* ◄────────── 0 ──────────► **besser** *(mehr Gutscheine)*

d) Der Endspielstand kann auch als Rechenaufgabe geschrieben werden. Notiert eure Spielstände und die passenden Rechenaufgaben dazu in der Tabelle.

Spielername	Max			
Gutscheine	3			
Schuldscheine	5			
Endspielstand	−2			
Rechenaufgabe	*(+3) + (− 5) = (−2)*			

2. Ermittle die Spielstände und zeichne sie auf der Zahlengeraden ein.

	Anna	Bert	Celim	Dana	Erik	Fatma	Gülden	Hanno	Ines	Jens
Gutscheine	7	3	4	5	8	5	5	1	0	4
Schuldscheine	2	8	4	9	7	3	0	6	2	1
Spielstand										

schlechter *(mehr Schuldscheine)* ◄── −5 −4 −3 −2 −1 0 +1 +2 +3 +4 +5 ──► **besser** *(mehr Gutscheine)*

Addition auf der Zahlengeraden

Selbstkontrolle zu den Pfeilbildern auf S. 14

1. Die Addition kann durch Bewegungen auf der Zahlengeraden veranschaulicht werden.

a) Addiere eine *positive* Zahl, indem du auf der Zahlengeraden nach *rechts* gehst.

(− 2) + (+ 5)

= ______

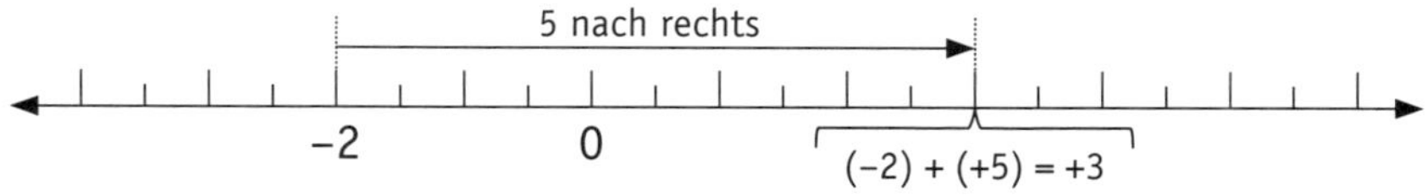

b) Addiere eine negative Zahl, indem du auf der Zahlengeraden nach links gehst.

(+ 2,5) + (− 6,5)

= ______

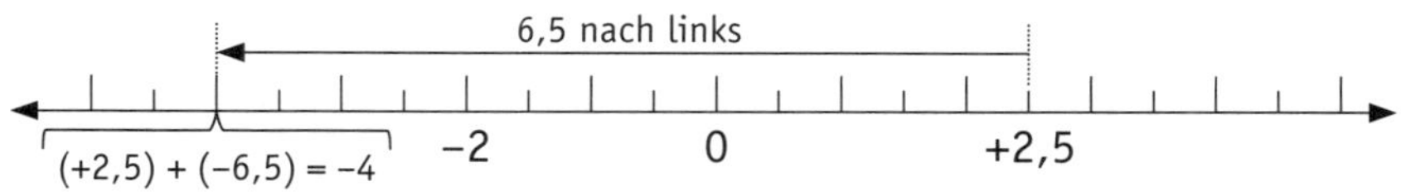

2. Löse die Aufgaben, indem du dich auf der Zahlengeraden bewegst. Zeichne die Pfeile dazu ein.

a) (− 4) + (+ 2,5)

= ____

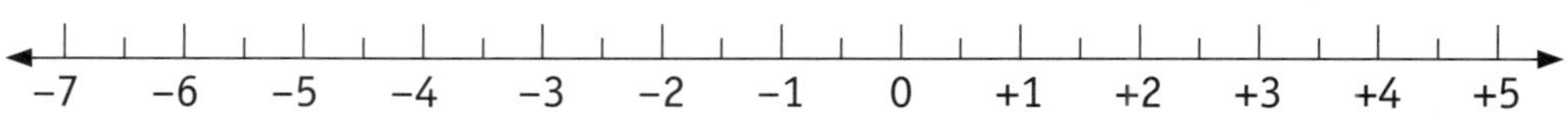

b) (+ 2,5) + (− 3,5)

= ____

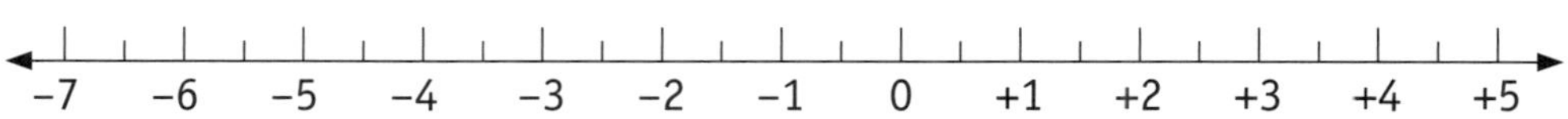

c) (− 2,5) + (+ 3,5)

= ____

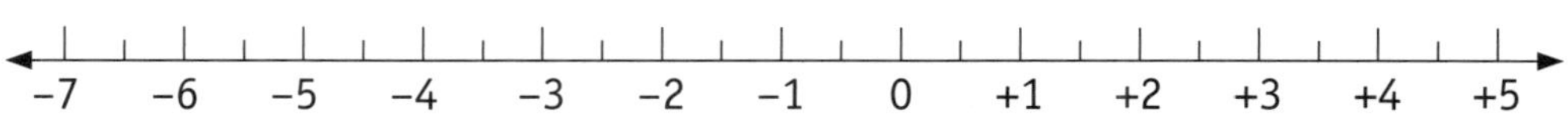

d) (+ 3,5) + (− 6,5)

= ____

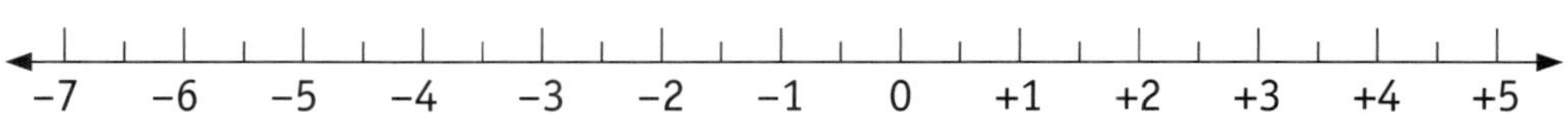

e) (− 4) + (− 2,5)

= ____

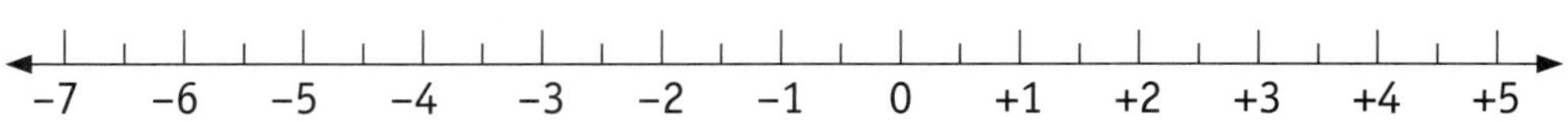

f) (− 6,5) + (+ 11)

= ____

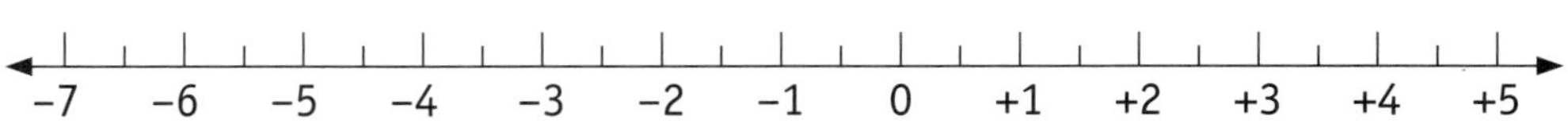

3. Berechne. Wenn du Schwierigkeiten hast, benutze, wenn möglich, die Zahlengerade.

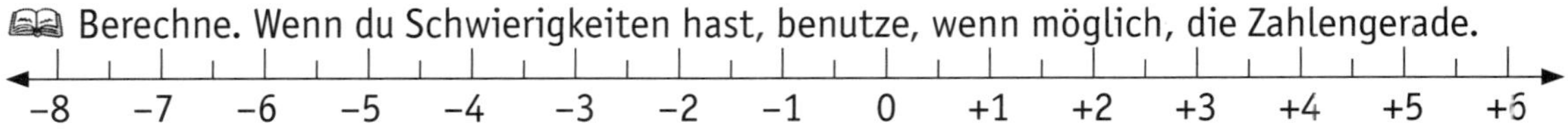

a) (− 2) + (+ 7) = ______	**b)** (+ 2) + ______ = − 4	**c)** (+ 17) + (− 19,2) = ______
(+ 3) + (− 5) = ______	______ + (+ 3) = − 1	(− 14,2) + (+ 12,8) = ______
(− 3) + (− 4) = ______	(− 1,3) + ______ = − 3,1	(− 99,9) + ______ = + 100,2

Selbstkontrolle ungeordnet:

− 7; − 6,5; − 6; − 4; − 4; − 3; − 2,2; − 2; − 1,8; − 1,4; − 1,5; − 1; + 1; + 3; + 4,5; + 5; + 200,1

Subtraktion mit dem Gutschein-Schuldschein-Spiel

Für 2 bis 4 Lernpartner

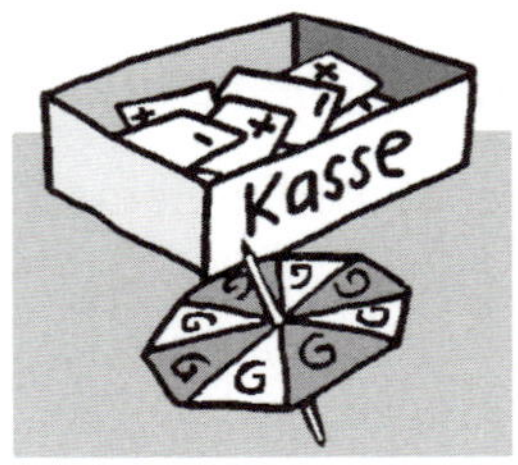

Vorbereitung: Jeder Mitspieler stellt einen Gib-Kreisel und Gut- und Schuldscheine her (Bastelvorlage auf S. 65). Vor Beginn jedes Spiels werden alle Gut- und Schuldscheine gerecht an die Mitspieler verteilt. Eventuell bleibt ein Rest in der Kasse.

1. Gutschein-Schuldschein-Spiel
Benutzt den Gib-Kreisel nacheinander im Uhrzeigersinn. Der größte Spieler beginnt. Er gibt so viele Gut- oder Schuldscheine in die Kasse, wie der Kreisel anzeigt. Spielt so lange, bis einer von euch keine Gut- oder Schuldscheine mehr hat.

a) Überlegt, bevor ihr eure eigenen Spielstände ermittelt: Isabell hat 3 Gutscheine und 4 Schuldscheine. Robby hat 5 Gutscheine und 7 Schuldscheine. Wer hat den besseren Spielstand?

Begründet. ____________________

b) Jetzt bestimmt eure Spielstände und tragt sie auf der Skala ein. Wer hat gewonnen?

schlechter *(mehr Schuldscheine)* ←———— 0 ————→ **besser** *(mehr Gutscheine)*

c) Setzt das Spiel zwei weitere Runden fort, obwohl ihr keine Gut- oder Schulscheine mehr habt. Überlegt, wie ihr dieses Problem sinnvoll lösen könnt. Notiert jeweils den Spielstand. Wer hat gewonnen?

2. a) Ihr könnt den Spielverlauf auch aufschreiben, ohne Gut- oder Schuldscheine zu geben. Andre hat in der 1. Runde 4 Gut- und 4 Schuldscheine. Er muss 3 Gutscheine abgeben. Ergänzt die Tabelle.

Spieler: Andre	Gutscheine (G)	Schuldscheine (S)	Alter Spielstand	Spielaktion	Neuer Spielstand	Passende Rechenaufgabe
1. Runde	4	4	0	Gib 3 G	−3	0 − (+3) = −3
2. Runde	1	4	−3	Gib 2 S		(−3) − (−2) = ____
3. Runde	1	2	−1	Gib 2 G		
4. Runde				Gib 4 S		

b) Für 2 Lernpartner
Jetzt sollt ihr umgekehrt zu einer Rechenaufgabe eine passende Spielsituation finden.
So geht's: Ein Lernpartner (★) denkt sich eine Minus-Aufgabe aus. Danach füllt der andere (☾) die zugehörige Zeile aus. Zum Schluss kontrolliert der Erste (★) auf Richtigkeit. Danach wird gewechselt. Achtung: Bei den Gut- und Schuldscheinen gibt es mehrere Möglichkeiten. Begründet.

Wer beginnt?	Rechenaufgabe	Alter Spielstand	Neuer Spielstand	Spielaktion	Gutscheine (G)	Schuldscheine (S)
1. Runde: Partner (★)						
2. Runde: Partner (☾)						
3. Runde: Partner (★)						
4. Runde: Partner (☾)						

3. Erkläre mithilfe des Gutschein-Schuldschein-Spiels, weshalb
a) die Rechenaufgaben (−2) + (−3) und (−2) − (+3) dasselbe Ergebnis haben.
b) die Rechenaufgaben (−2) − (−3) und (−2) + (+3) dasselbe Ergebnis haben.

Subtraktion auf der Zahlengeraden

Selbstkontrolle zu den Pfeilbildern auf S. 14

1. Die Subtraktion ist die Umkehrung der Addition.

a) Subtrahiere eine *positive* Zahl, indem du auf der Zahlengeraden nach *links* gehst.

(+3) − (+5)

= ____

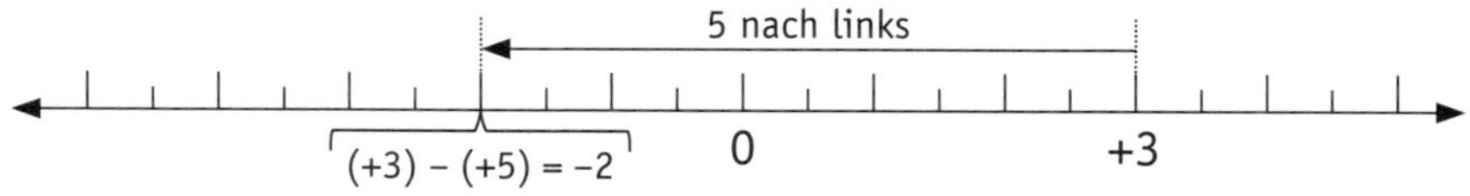

b) Subtrahiere eine *negative* Zahl, indem du auf dem Zahlenstrahl nach rechts gehst.

(−2,5) − (−4,5)

= ____

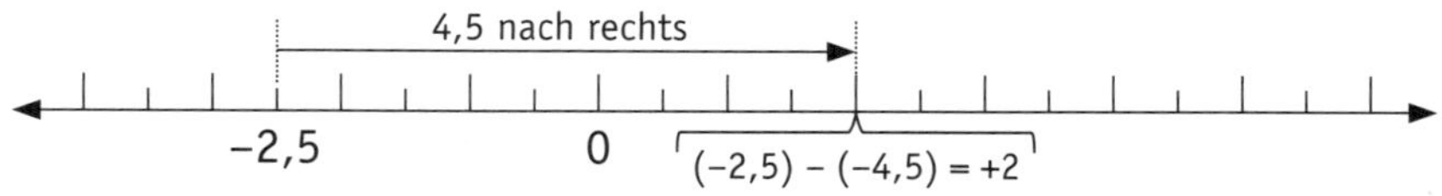

2. Berechne. Zeichne die zugehörigen Pfeile auf der Zahlengeraden ein.

a) (−4) − (+3)

= ____

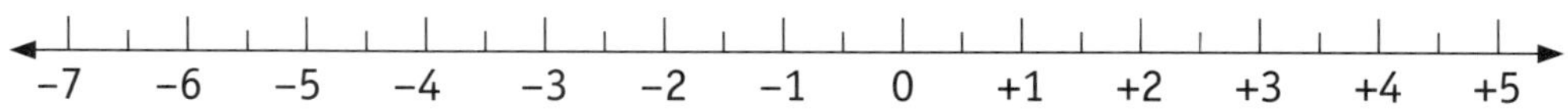

b) (+1,5) − (−4)

= ____

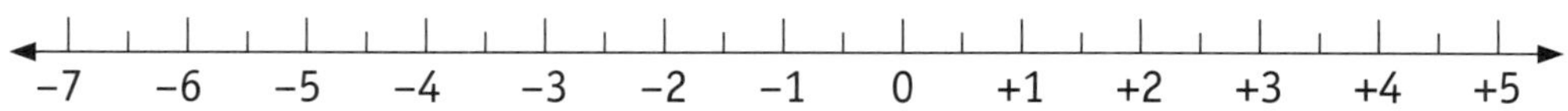

c) (−4) − (−3)

= ____

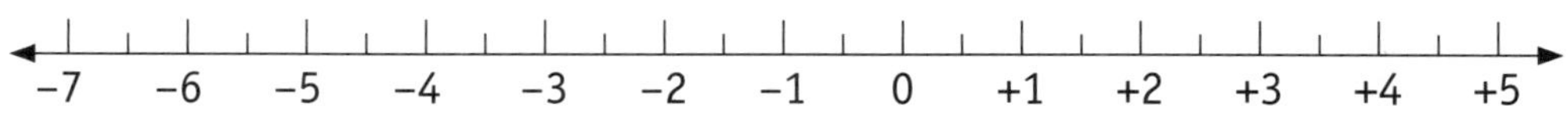

3. Berechne möglichst im Kopf. Wenn du Schwierigkeiten hast, benutze, wenn möglich, eine Zahlengerade.

a) (+2) − (+7) = ____

(−3) − (+5) = ____

(+3) − (−4) = ____

b) (+2) − ____ = −4

____ − (−3) = −1

(−1,3) − ____ = −3,1

c) (−17) − (−19,2) = ____

(+14,2) − (+12,8) = ____

(+99,9) − ____ = +1002

4. Abstände von Zahlen können auf der Zahlengeraden veranschaulicht werden: Um den Abstand der Zahlen zu berechnen, muss die kleinere Zahl (auf der Zahlengeraden links) von der größeren Zahl (auf der Zahlengeraden rechts) subtrahiert werden: +1 − (−2) = +3.

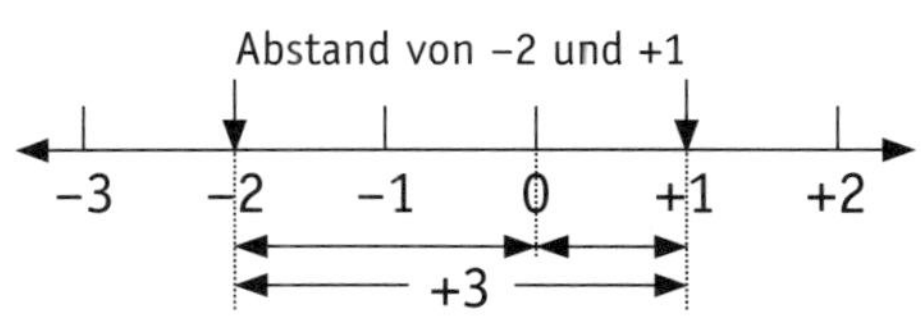

Bestimme die Abstände rechnerisch und zeichnerisch.

a) Abstand von −2 und +3,5: ____ − ____ = ____

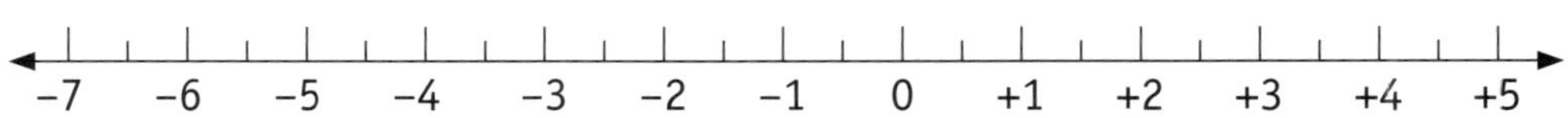

b) Abstand von −5,5 und +1,5: ____ − ____ = ____

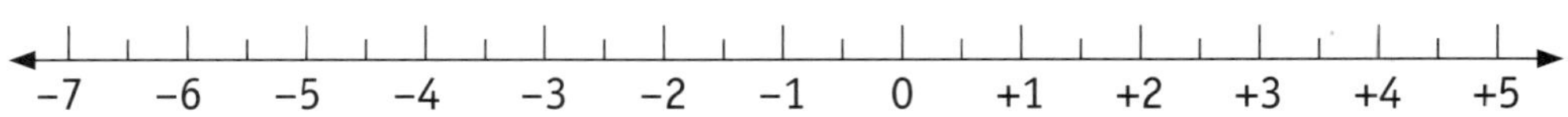

c) Erfinde ähnliche Aufgaben und stelle sie deinem Lernpartner.

Selbstkontrolle ungeordnet: −902,1; −8; −7; −5; −4; −2; −1; +1,4; +1,8; +2; +2,2; +5,5; +6; +7; +7; +5,5

Addition und Subtraktion mit dem Gutschein-Schuldschein-Spiel

Selbstkontrolle auf S. 14

Für 2 bis 4 Lernpartner

Vorbereitung: Jeder Mitspieler stellt einen Nimm-Gib-Kreisel und Gut- und Schuldscheine her (Bastelvorlage auf S. 65). Jeder erhält zu Beginn eines Spiels 4 Gutscheine und 4 Schuldscheine. Der Rest bleibt in der Kasse.

1. Gutschein-Schuldschein-Spiel

Dreht den Nimm-Gib-Kreisel nacheinander im Uhrzeigersinn. Der jüngste Spieler beginnt. Er gibt oder nimmt so viele Gut- oder Schuldscheine aus der Kasse, wie der Kreisel anzeigt. Spielt so lange, bis der erste Mitspieler oder die Kasse entweder keine Gut- oder Schuldscheine mehr hat.

a) Überlegt, bevor ihr eure eigenen Spielstände ermittelt: Marina hat 7 Gutscheine und 4 Schuldscheine. Sven hat 8 Gutscheine und 6 Schuldscheine. Wer hat den besseren Spielstand?

Begründet. ______________________________

b) Jetzt bestimmt eure Spielstände und tragt sie auf der Skala ein. Wer hat gewonnen?

schlechter *(mehr Schuldscheine)* ◄——————— 0 ———————► **besser** *(mehr Gutscheine)*

c) Setzt das Spiel fünf weitere Runden fort, auch wenn die Kasse oder ein Mitspieler keine Gut- oder keine Schuldscheine mehr hat. Damit nicht geschummelt werden kann, notiert für jeden Spieler nach jedem Kreiseldrehen den Ausgangsspielstand, die Spielaktion und den neuen Spielstand. Überlegt auch, welche Rechenaufgabe dazu passt, z. B.

Name: Max	Ausgangsspielstand	Spielaktion	Neuer Spielstand	Passende Rechenaufgabe
1. Runde	+3	Nimm 4 S	−1	(+3) + (−4) = (−1)

Name:	Ausgangsspielstand	Spielaktion	Neuer Spielstand	Passende Rechenaufgabe
1. Runde	0			
2. Runde				
3. Runde				
4. Runde				
5. Runde				

2. Ergänze die Lücken in der Tabelle. Achtung: Manchmal passen zwei verschiedene Spielaktionen!

	a)	b)	c)	d)	e)	f)	g)
Ausgangs-spielstand	+2		−5		0	+3	
Spielaktion	Nimm 4 S	Gib 2 S				Gib 4 S	Nimm 2 S
Endstand	−2	−3	−2		−3		−6
Passende Rechen-aufgabe	(+2) + (−4) = −2			(−5) − (+3) = −8			

Addition und Subtraktion auf der Zahlengeraden

Die Addition und die Subtraktion von rationalen Zahlen können durch Bewegungen auf der Zahlengeraden veranschaulicht werden. Da die Subtraktion die Umkehrung der Addition ist, gehe jeweils in die entgegengesetzte Richtung wie bei der Addition.

Addition auf der Zahlengeraden	**Subtraktion auf der Zahlengeraden**
Addiere eine *positive* Zahl, indem du auf dem Zahlenstrahl nach *rechts* gehst. Addiere eine *negative* Zahl, indem du auf dem Zahlenstrahl nach *links* gehst.	Subtrahiere eine *positive* Zahl, indem du auf dem Zahlenstrahl nach *links* gehst. Addiere eine *negative* Zahl, indem du auf dem Zahlenstrahl nach *rechts* gehst.

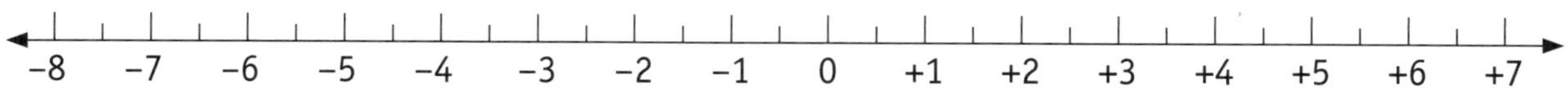

Wenn du beim Rechnen nicht weiterweißt, kannst du die Zahlengerade zu Hilfe nehmen.

1. Trage Vorzeichen, Rechnung und Ergebnis wie im Beispiel ein.

		Bilde die Summe $(a + b)$			Bilde die Differenz $(a - b)$		
a	b	Vorzeichen im Ergebnis	Das muss ich rechnen:	Ergebnis	Vorzeichen im Ergebnis	Das muss ich rechnen:	Ergebnis
−3,8	−4,5	−	3,8 + 4,5	−8,3	+	4,5 − 3,8	+0,7
−3,2	+1,7						
+7,6	−8,9						
+1,3	+8,7						
−6,2	−5,8						

2. Achtung: Nicht rechnen! Hier ist nur nach dem Vorzeichen des Ergebnisses gefragt.

	Vorzeichen im Ergebnis
a) (+17,5) − (−8,3) − (+15,3)	
c) (−0,324) + (−9,23) − (−28,1)	

	Vorzeichen im Ergebnis
b) (−14,8) − (−1312) + (−128,3)	
d) (+76,5) + (−81,2) − (+10,5)	

3. Max ist das Subtrahieren von rationalen Zahlen unheimlich. Er vermeidet die Subtraktion, indem er sie durch Additionen ersetzt. Schreibe als Summen und rechne aus.

a) Beispiele: (+2) − (+5) = (+2) + (−5) (−1) − (−3) = (−1) + (+3)

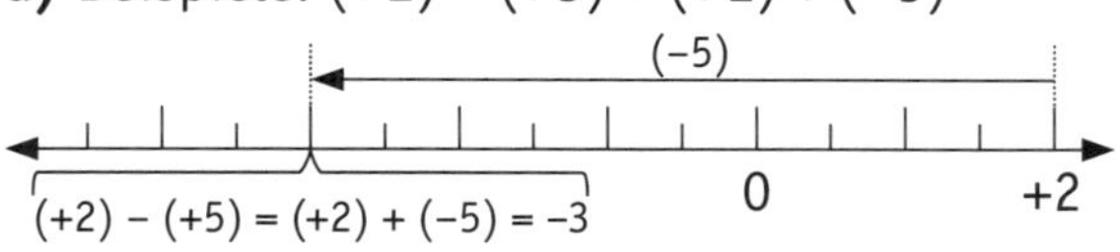

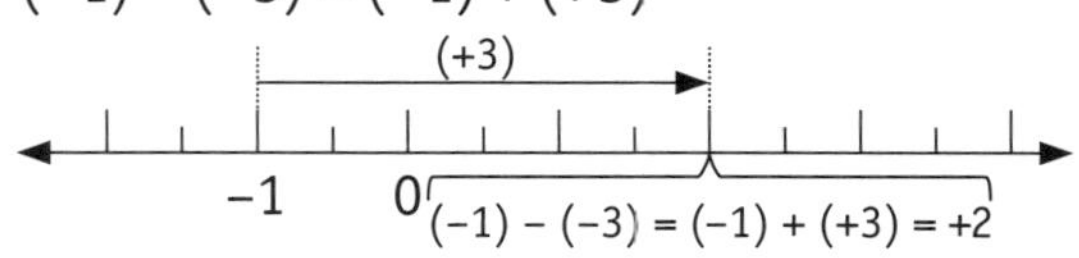

	als Summe	Ergebnis
(−2,3) − (+3,6) =		
(+0,3) − (−7,7) =		
(+2,2) − (+1,8) =		

	als Summe	Ergebnis
(−19,1) − (+5,9) =		
(+23,4) − (−1,6) =		
(+14,6) − (−2,4) =		

Selbstkontrolle ungeordnet (zu den Aufgaben 1 und 3): −25; −12; −7,4; −5,9; −4,9; −1,5; −1,3; −0,4; 0,4; +8; +10; +16,5; +17; +25

Addition auf der Zahlengeraden

Selbstkontrolle zu S. 9

2. a) (−4) + (+2,5)

= −1,5

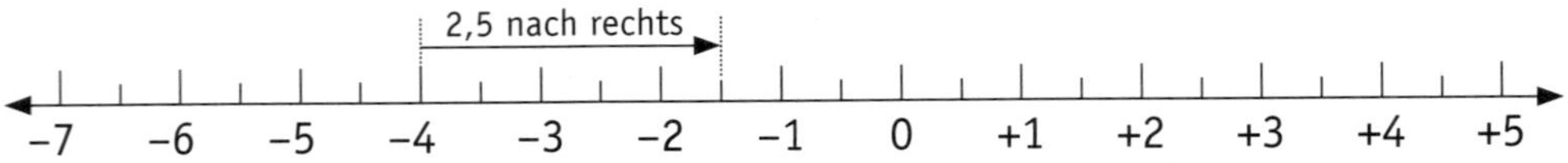

b) (+2,5) + (−3,5)

= −1

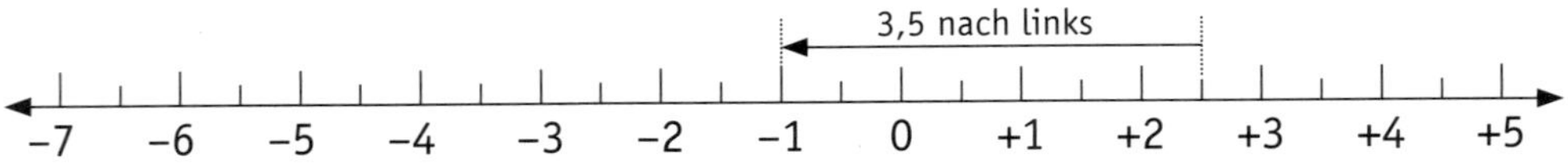

c) (−2,5) + (+3,5)

= +1

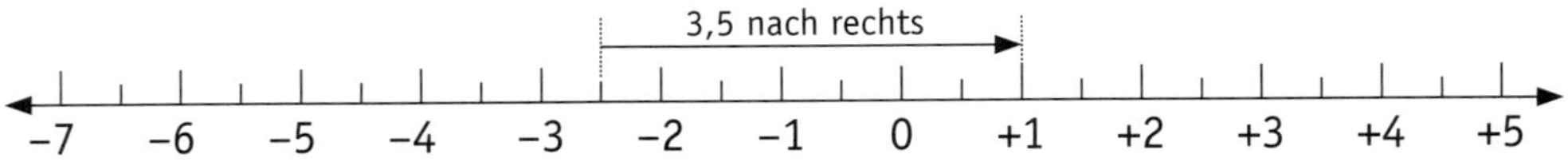

d) (+3,5) + (−6,5)

= −3

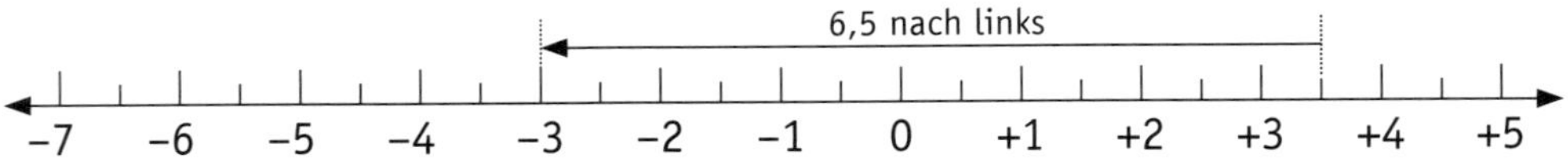

e) (−4) + (−2,5)

= −6,5

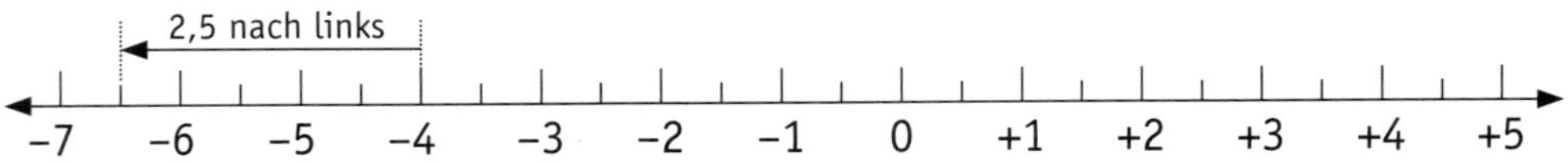

f) (−6,5) + (+11)

= +4,5

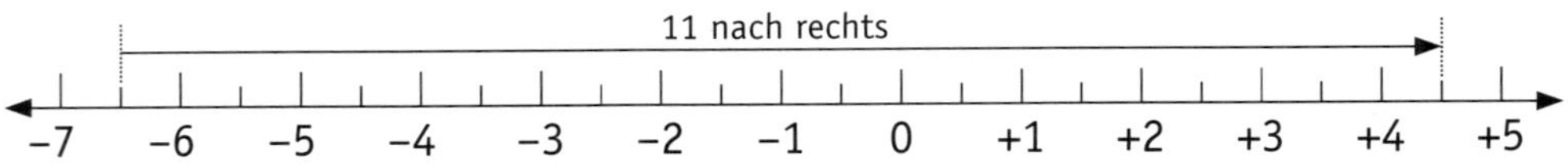

Subtraktion auf der Zahlengeraden

Selbstkontrolle zu S. 11

2. a) (−4) − (+3)

= −7

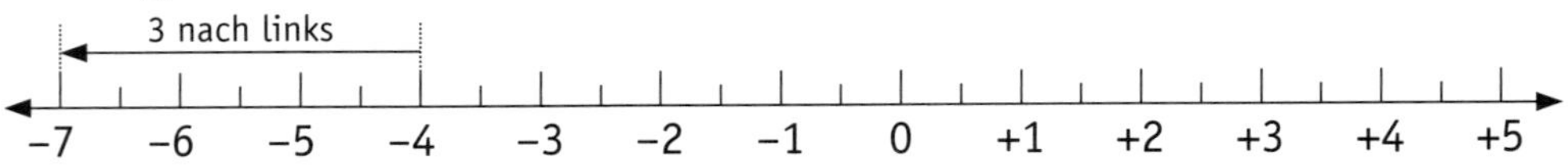

b) (+1,5) − (−4)

= +5,5

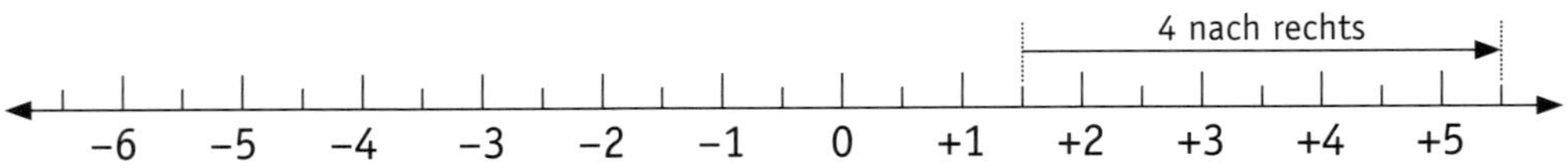

c) (−4) − (−3)

= −1

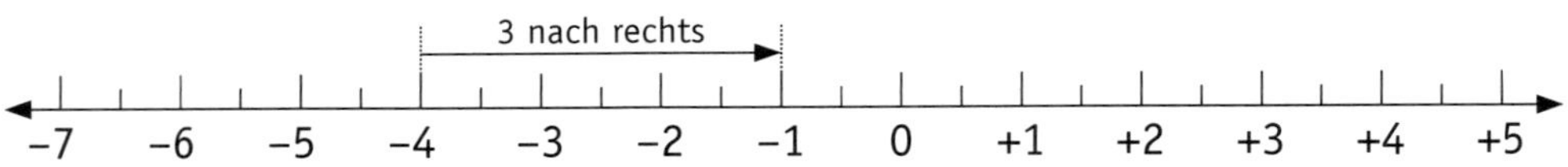

4. a) (+3,5) − (−2)

= +5,5

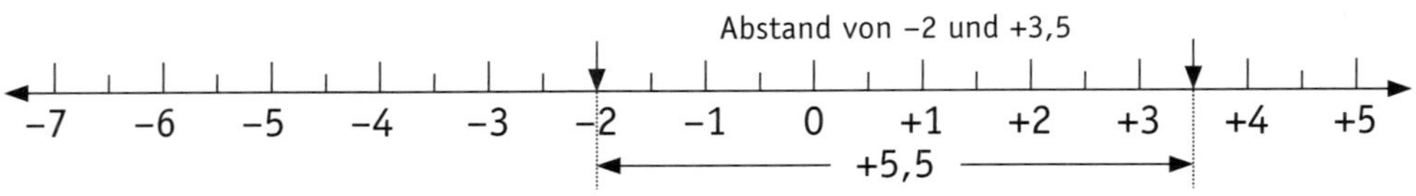

b) (+1,5) − (−5,5)

= +7

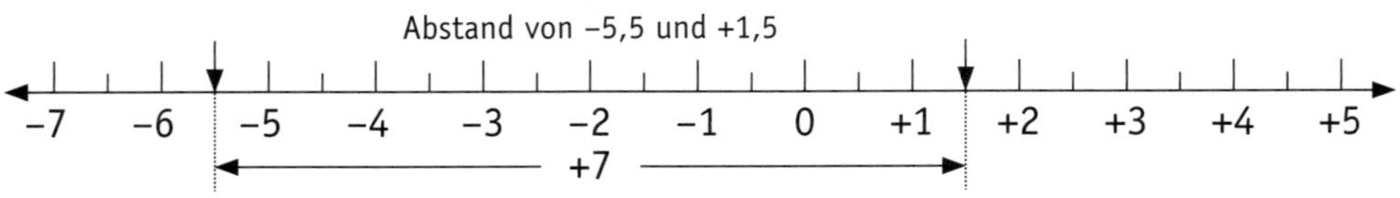

Addition und Subtraktion mit dem Gutschein-Schuldschein-Spiel

Selbstkontrolle zu S. 12

2.

	a)	b)	c)	d)	e)	f)	g)
Ausgangs-spielstand	+2	−5	−5	−5	0	+3	−4
Spiel-aktion	Nimm 4 S	Gib 2 S	Nimm 3 G oder gib 3 S	Gib 3 G	Nimm 3 S oder gib 3 G	Gib 4 S	Nimm 2 S
Endstand	−2	−3	−2	−8	−3	+7	−6
Passende Rechen-aufgabe	(+2) + (−4) = −2	(−5) − (−2) = −3	(−5) + (+3) = −2 oder (−5) − (−3) = −2	(−5) − (+3) = −8	0 + (−3) = −3 oder 0 − (+3) = −3	(+3) − (−4) = +7	(−4) + (−2) = −6

Aus Fehlern lernen: Addition und Subtraktion

Selbstkontrolle auf S. 16

Fehlerkarte (1)

Die Aufgabe wurde falsch gelöst.
(– 3,5) + (– 0,42) = **– 7,7** *f*

Löse richtig:

(– 3,5) + (– 0,42) =

Was wurde falsch gemacht?

___

___

___

Fehlerkarte (2)

Die Aufgabe wurde falsch gelöst.
(+ 2,3) + (– 3,7) = **+ 1,4** *f*

Löse richtig:

(+ 2,3) + (– 3,7) =

Was wurde falsch gemacht?

___

___

___

Fehlerkarte (3)

Die Aufgabe wurde falsch gelöst.
(– 4,7) – (– 3,8) = **– 8,5** *f*

Löse richtig:

(– 4,7) – (– 3,8) =

Was wurde falsch gemacht?

___

___

___

Fehlerkarte (4)

Die Aufgabe wurde falsch gelöst.
(– 2,7) – (+ 2,7) = **0** *f*

Löse richtig:

(– 2,7) – (+ 2,7) =

Was wurde falsch gemacht?

___

___

___

Fehlerkarte (5)

Die Aufgabe wurde falsch gelöst.
Wenn $a < b$, dann gilt $\mathbf{-a < -b}$ *f*

Löse richtig:

Wenn $a < b$, dann gilt …

Was wurde falsch gemacht?

___

___

___

Fehlerkarte (6)

Die Aufgabe wurde falsch gelöst.
0 – (3,4 + (– 4,8)) = **– 8,2** *f*

Löse richtig:

0 – (3,4 + (– 4,8)) =

Was wurde falsch gemacht?

___

___

___

Aus Fehlern lernen: Addition und Subtraktion

Selbstkontrolle zu S. 15

Fehlerkarte (1)

Die Aufgabe wurde falsch gelöst.
$(-3{,}5) + (-0{,}42) = -7{,}7$ ↯

Löse richtig:

$(-3{,}5) + (-0{,}42) = \mathbf{-3{,}92}$

Was wurde falsch gemacht?
So ähnlich könnte deine Antwort lauten:

Die Nachkommastellen wurden falsch addiert.

Fehlerkarte (2)

Die Aufgabe wurde falsch gelöst.
$(+2{,}3) + (-3{,}7) = +1{,}4$ ↯

Löse richtig:

$(+2{,}3) + (-3{,}7) = \mathbf{-1{,}4}$

Was wurde falsch gemacht?
So ähnlich könnte deine Antwort lauten:

Das Vorzeichen ist falsch. Die am weitesten von der Null entfernte Zahl bestimmt das Vorzeichen des Ergebnisses

Fehlerkarte (3)

Die Aufgabe wurde falsch gelöst.
$(-4{,}7) - (-3{,}8) = -8{,}5$ ↯

Löse richtig:

$(-4{,}7) - (-3{,}8) = \mathbf{-0{,}9}$

Was wurde falsch gemacht?
So ähnlich könnte deine Antwort lauten:

(– 3,8) wurde addiert. Um (– 3,8) zu subtrahieren, muss man (+ 3,8) addieren. (Auf dem Zahlenstrahl muss man sich also um 3,8 nach rechts bewegen.)

Fehlerkarte (4)

Die Aufgabe wurde falsch gelöst.
$(-2{,}7) - (+2{,}7) = 0$ ↯

Löse richtig:

$(-2{,}7) - (+2{,}7) = \mathbf{-5{,}4}$

Was wurde falsch gemacht?
So ähnlich könnte deine Antwort lauten:

(+ 2,7) wurde addiert. Um (+ 2,7) zu subtrahieren, muss man (– 2,7) addieren. (Auf dem Zahlenstrahl muss man sich also um 2,7 nach links bewegen.)

Fehlerkarte (5)

Die Aufgabe wurde falsch gelöst.
Wenn $a < b$, dann gilt $-a < -b$ ↯

Löse richtig:

Wenn $a < b$, dann gilt $-a > -b$.

Was wurde falsch gemacht?
So ähnlich könnte deine Antwort lauten:

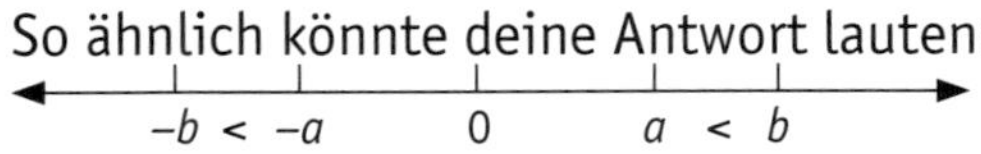

Da die Punkte auf der Zahlengeraden spiegelsymmetrisch zum Punkt 0 sind, ist die Reihenfolge der gespiegelten Punkte umgekehrt.

Fehlerkarte (6)

Die Aufgabe wurde falsch gelöst.
$0 - (3{,}4 + (-4{,}8)) = -8{,}2$ ↯

Löse richtig:

$0 - (3{,}4 + (-4{,}8)) = \mathbf{+1{,}4}$

Was wurde falsch gemacht?
So ähnlich könnte deine Antwort lauten:

In der Klammer wurde (+ 4,8) addiert, man muss aber (– 4,8) addieren bzw. (+ 4,8) subtrahieren. (Auf dem Zahlenstrahl muss man sich also um 4,8 nach links bewegen.)

Multiplikation rationaler Zahlen

Selbstkontrolle auf S. 20

1. In dem Pfeildiagramm ist der Weg eines Wanderers skizziert, der 3 Stunden lang wandert und in jeder Stunde 5 km zurücklegt.

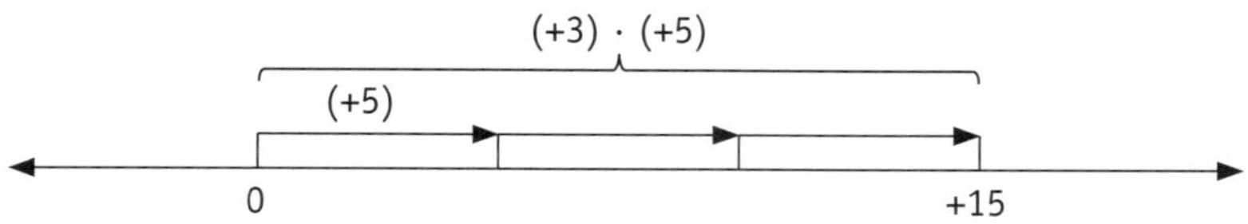

Das Pfeildiagramm gibt die Richtung und die Länge des zurückgelegten Weges an.
Es veranschaulicht die Rechnung (+3) · (+5) = +15.
Zeichne und beschrifte das Pfeildiagramm und notiere das Produkt: Der Wanderer geht in umgekehrter Richtung in jeder Stunde 5 km. Wie weit ist er nach 3 Stunden gelaufen?

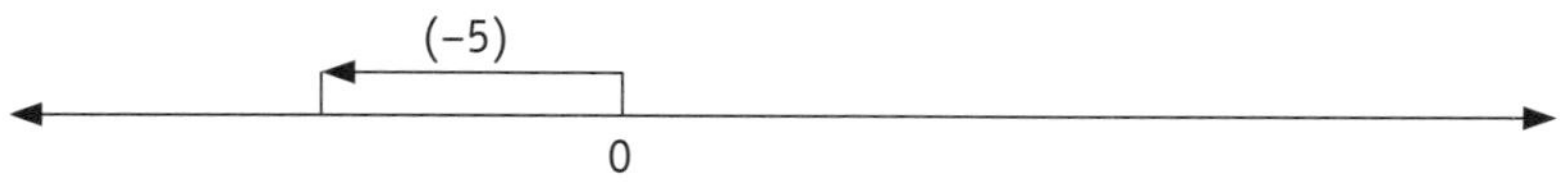

(___) · (___) = ____

2. Das Produkt rationaler Zahlen mit **positivem ersten** Faktor kann leicht an der Zahlengeraden veranschaulicht werden.

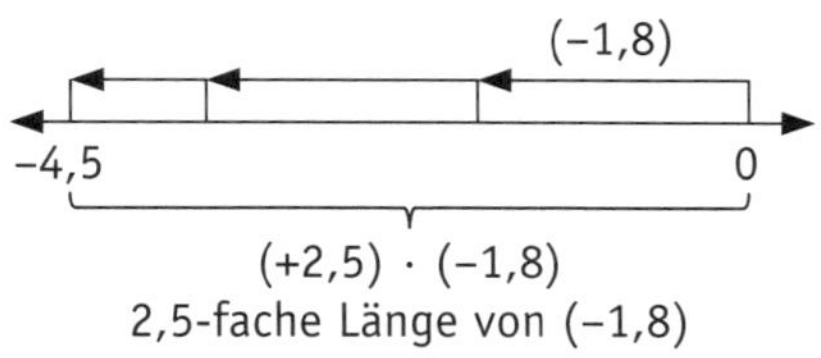

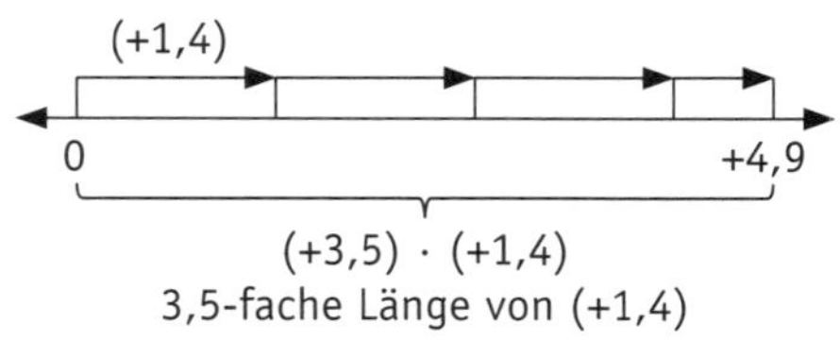

Wie kann das Produkt veranschaulicht werden, wenn der erste Faktor **negativ** ist?
Setze die Zeichnung für die Produkte 0 · (−1,6), (−1) · (−1,6), (−2) · (−1,6) fort.

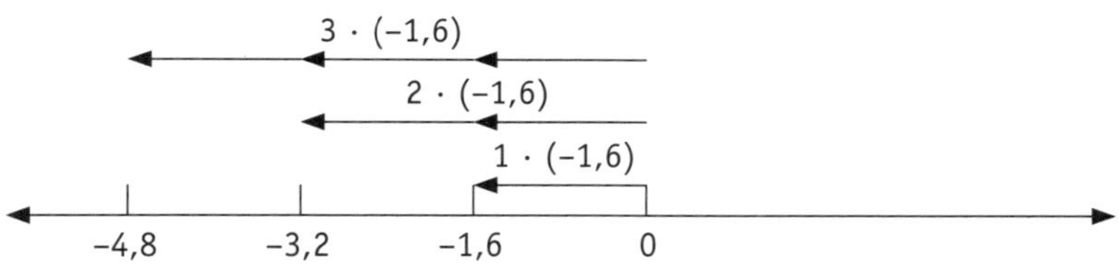

3. Rechne im Kopf. Notiere dein Ergebnis.

a) (−2) · (+4) = ____
(+3) · (−7) = ____
(−5) · (−3) = ____
(+1) · (+9) = ____

b) (+4) · (−1,7) = ____
(−12) · (−12) = ____
(+3) · (+3,6) = ____
(+6) · (−2,2) = ____

c) (−2) · (−3) · (−4) = ____
$(-1)^7$ = ____
$(-5)^2$ = ____
$(-2)^3 \cdot (-2)^2$ = ____

Merke: Bilde das Produkt zweier rationaler Zahlen, indem du zunächst ohne die Vorzeichen multiplizierst. Haben beide Faktoren das gleiche Vorzeichen, so ist das Ergebnis positiv. Bei unterschiedlichen Vorzeichen ist das Ergebnis negativ.

•	2. Faktor	
1. Faktor	+	−
+	+	−
−	−	+

Selbstkontrolle ungeordnet (zu Aufgabe 3): −32; −24; −21; −13,2; −8; −6,8; −1; +9; +10,8; +15; +25; +144

Division rationaler Zahlen

Selbstkontrolle auf S. 20

1. In den folgenden Situationen werden rationale Zahlen dividiert. Notiere jeweils die Divisionsaufgabe und berechne das Ergebnis.

a) Der Pfeil −7,2 soll als Summe von 6 gleich großen Pfeilen dargestellt werden. Wie lang ist ein Pfeil?

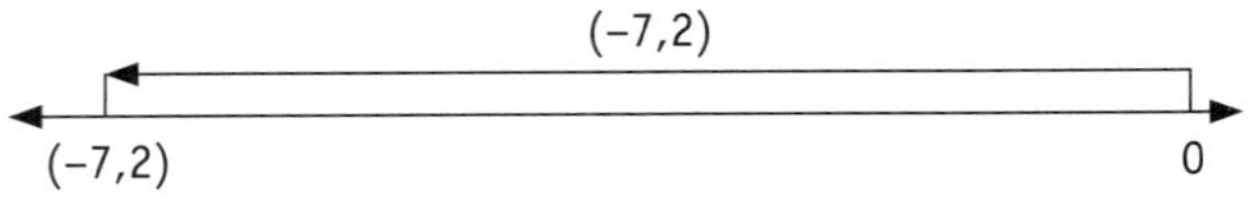

Divisionsaufgabe:
Rechnung:

b) Wie häufig passt der Pfeil −1,4 in den Pfeil −5,6 hinein?

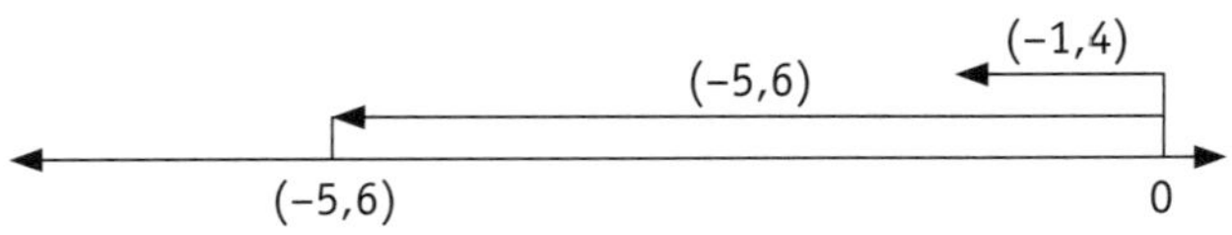

Divisionsaufgabe:
Rechnung:

c) Die Firma Müller & Co. hat −24 017 € Schulden. Wie groß ist der Betrag, den jeder der 7 Inhaber übernehmen muss?

Divisionsaufgabe:
Rechnung:

2. Wie heißt der fehlende Faktor ☺ ? Notiere als Division und gib die Lösung an.

	Beispiel	a)	b)	c)	d)
Aufgabe	(−7) · ☺ = −14	☺ · (+18) = −54	(−1,7) · ☺ = +3,4	0 · ☺ = −27,7	☺ · (−1,6) = −0,368
Division	(−14) : (−7)				
Lösung ☺	+2				

3. Formuliere eine Regel für das Dividieren zweier rationaler Zahlen und ergänze die Vorzeichentabelle.

___

___

___

:	2. Zahl	
1. Zahl	+	−
+		
−		

Multiplikation und Division rationaler Zahlen

Selbstkontrolle auf S. 20

1. Berechne.

a) (−5) · (+15) = ____ (+14) · (−6) = ____ (−2,5) · (−6) = ____ (+12) · (+5,5) = ____

b) (−72) : (+9) = ____ (−84) : (−12) = ____ (+104) : (+13) = ____ (+67,5) : (−7,5) = ____

2. Richtig oder falsch? Begründe deine Antwort.

a) Das Produkt einer rationalen Zahl mit sich selbst ist immer positiv. ☐ richtig ☐ falsch

Begründung: ______________________________

____

b) Wenn man eine rationale Zahl, die nicht Null ist, durch die an der Null gespiegelte Zahl dividiert, erhält man als Ergebnis immer −1. ☐ richtig ☐ falsch

Begründung: ______________________________

____

3. Finde vier weitere Beispiele für Multiplikations- bzw. Divisionsaufgaben mit demselben Ergebnis.

a) (−2) · (+1,2) = −2,4	= (____) · (____)	= (____) · (____)	= (____) · (____)	= (____) · (____)
b) (+5,2) : (−13) = −0,4	= (____) · (____)	= (____) · (____)	= (____) · (____)	= (____) · (____)
c) (−37,8) : (−2,1) = +18	= (____) · (____)	= (____) · (____)	= (____) · (____)	= (____) · (____)

4. Erkläre mit eigenen Worten, warum die Division (−17,3) : 0 nicht zulässig ist.

____

____

5. Für Schlaufüchse

In den USA wird die Temperatur in Fahrenheit gemessen. Bestimme mithilfe der Tabelle.

Celsius [°C]	−40		0	+100
Fahrenheit [°F]	−40	0	+32	

a) Wenn die Temperatur um 1° C ansteigt, entspricht das einem Anstieg von ____ ° F.

Wenn die Temperatur um 10° C ansteigt, entspricht das einem Anstieg von ____ ° F.

Ein Anstieg um 1° F entspricht einem Anstieg von ____ ° C. Ergänze auch die Tabelle.

b) In Europa herrschen sommerliche Temperaturen von +32° C. Das entspricht ____ ° F?

c) Im Internet wird zur Umrechnung von ° F in ° C die untenstehende Formel angegeben.

Kontrolliere die Formel für die Temperaturen −40° F und +32° F.

$$T_{Celsius} = \frac{40}{72} \cdot (T_{Fahrenheit} - (+32))$$

Multiplikation rationaler Zahlen

Selbstkontrolle zu S. 17

1. $(+3) \cdot (-5) = -15$

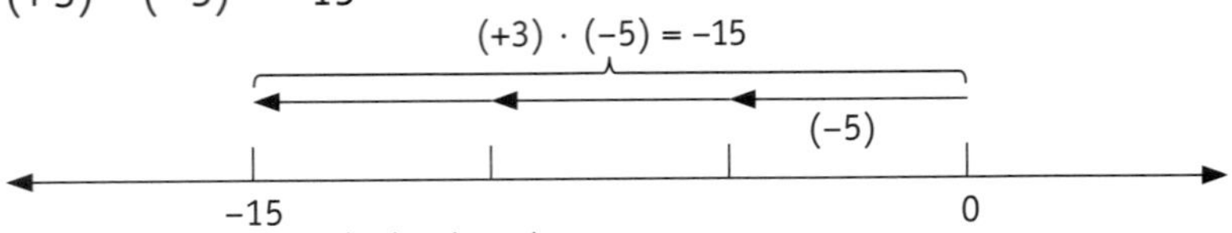

2.

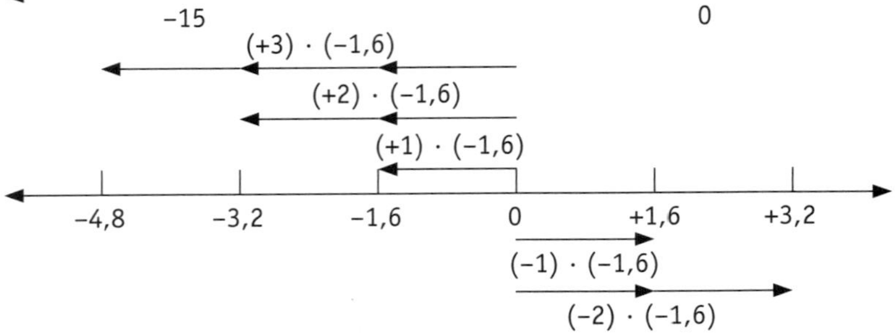

Division rationaler Zahlen

Selbstkontrolle zu S. 18

1. a) $(-7{,}2) : (+6) = -1{,}2$

b) $(-5{,}6) : (-1{,}4) = +4$

c) $(-24017) : (+7) = -3431$

2. a) $(-54) : (+18) = -3$

b) $(+3{,}4) : (-1{,}7) = -2$

c) Es gibt keine Lösung, da die linke Seite der Gleichung für jeden Wert null ist.

d) $(-0{,}368) : (-1{,}6) = +0{,}23$

3. So ähnlich könnte deine Regel lauten: Du dividierst zwei rationale Zahlen zunächst ohne Vorzeichen.
Haben beide Zahlen das gleiche Vorzeichen, so ist das Ergebnis positiv. Bei unterschiedlichen Vorzeichen ist das Ergebnis negativ.

:	2. Zahl	
1. Zahl	+	–
+	+	–
–	–	+

Multiplikation und Division rationaler Zahlen

Selbstkontrolle zu S. 19

1. a) −75; −84; +15; +66
b) −8; +7; +8; −9

2. a) Richtig, weil sowohl „+ · +“ als auch „− · −“ im Ergebnis das Vorzeichen „+“ ergibt.

b) Richtig, weil sich die beiden Zahlen nur durch das Vorzeichen unterscheiden und sowohl „+ : −“ als auch „− : +“ im Ergebnis das Vorzeichen „−“ ergibt.

3. a) z. B. $(+2) \cdot (-1{,}2) = (+8) \cdot (-0{,}3) = (-8) \cdot (+0{,}3) = (+0{,}4) \cdot (-6)$
b) z. B. $(-5{,}2) : (+13) = (-8) : (+20) = (+8) : (-20) = (-6) : (+15)$
c) z. B. $(+37{,}8) : (+2{,}1) = (-36) : (-2) = (+36) : (+2) = (-54) : (-3)$

4. So ähnlich könnte deine Erklärung lauten:
Die Umkehrung der Rechnung würde mit jeder Zahl a zu einem Widerspruch führen: $-17{,}3 \neq 0 \cdot a$.

5. a) Wenn die Temperatur um 1 °C ansteigt, entspricht das einem Anstieg von 1,8 °F. Wenn die Temperatur um 10 °C ansteigt, entspricht das einem Anstieg von 18 °F. Ein Anstieg um 1 °F entspricht einem Anstieg von $\frac{5}{9}$ °C.
b) +32 °C entsprechen 89,6 °F.

Celsius [°C]	$-17\frac{7}{9}$	0	+100
Fahrenheit [°F]	0	+32	+212

Brüche und Prozente

Selbstkontrolle auf S. 26

Die Lager müssen geräumt werden. Kaufhaus Meier kündigt einen Preisnachlass von 10 % auf alle Waren an. Das bedeutet, der Preis jeder Ware wird pro 100 € um 10 €, also um $\frac{10}{100}$ gesenkt. Bei einer CD für 18 € ist das ein Preisnachlass von:

Pro-zent
pro centum
pro Hundert

$$10\,\% \text{ von } 18{,}00\,€ = \frac{10}{100} \cdot 18{,}00\,€ = 1{,}80\,€$$

1. Prozent, Hundertstelbruch und Bruch. Ergänze.

	Prozent	100stel-Bruch	Bruch
Beispiel	40 % der Waren werden billiger.	$\frac{4}{100}$ der Waren werden billiger.	$\frac{2}{5}$ der Waren werden billiger.
a)	10 % aller Schüler sind krank.	$\frac{}{100}$ aller Schüler sind krank.	... aller Schüler sind krank.
b)	25 % aller Lose gewinnen.		
c)			Die Hälfte der Kinder sind Mädchen.
d)	Fritz gibt 20 % seines Taschengeldes für Süßigkeiten aus.		

2. Notiere den gefärbten Anteil der Fläche als Bruch und als Prozentzahl.

	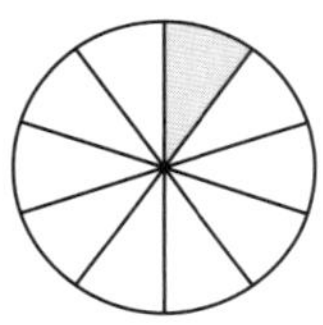	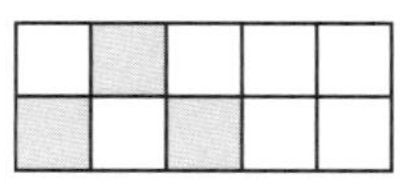	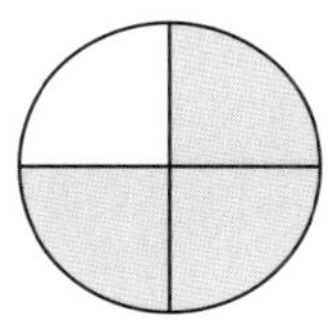	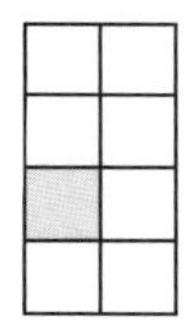
____ = ____ %	____ = ____ %	____ = ____ %	____ = ____ %	____ = ____ %
Bruch Prozent	Bruch Prozent	Bruch Prozent	Bruch Prozent	Bruch Prozent

3. Ergänze die Tabelle. Die dick eingerahmten Brüche und Prozentzahlen solltest du dir merken. Sie kommen besonders häufig vor.

Bruch	$\frac{1}{2}$	$\frac{1}{4}$	$\frac{1}{5}$	$\frac{1}{8}$	$\frac{1}{10}$	$\frac{3}{4}$	$\frac{2}{5}$			$\frac{3}{8}$	$\frac{7}{8}$		
100stel-Bruch	$\frac{50}{100}$												
Prozentzahl	**50 %**							60 %	80 %			30 %	70 %

4. a) Thomas hat sich einen einfachen Weg ausgedacht, um 15 % von 400 auszurechnen:

Er dividiert den Grundwert durch 10, also ______________________________ .

Das Ergebnis teilt er durch 2, indem er rechnet: ______________________________ .

Zum Schluss addiert er die beiden Ergebnisse: ______________________________ .

b) Berechne auf die gleiche Weise 15 % von 350 € im Kopf. Erkläre den Rechenweg von Thomas.

Grundwert, Prozentwert und Prozentsatz

Selbstkontrolle auf S. 26

Das Kaufhaus Meier will seine MP3-Player vom vergangenen Jahr loswerden und annonciert deshalb (siehe Grafik).

Damit wir uns leichter verständigen können, bekommen die verwendeten Ausdrücke Namen:

Prozentwert → 12,00 (Ersparnis)
Grundwert → 30,00 (Alter Preis)

$$\frac{12{,}00\ (\text{Ersparnis})}{30{,}00\ (\text{Alter Preis})} = \frac{40}{100} = 40\,\% \text{ — Prozentsatz}$$

Der **Grundwert** ist die Größe, von dem ein Anteil genommen wird, im Beispiel der alte Preis in Euro.
Der **Prozentwert** ist die Größe, die zum Prozentsatz gehört, im Beispiel der Preisnachlass in Euro.
Der **Prozentsatz** ist das Verhältnis aus Prozentwert und Grundwert. Er hat keine Einheit.
Das %-Zeichen ist die abgekürzte Schreibweise für den Bruch mit dem Nenner 100.

1. Ordne die Begriffe Grundwert, Prozentwert und Prozentsatz richtig zu.

a)		b)		c)	
100 Äpfel	← Prozentwert	60 Prozent	← ________	150 Eier	← ________
von 400 Äpfeln	← Grundwert	von 400 g Eis	← ________	sind 75 Prozent	← ________
sind 25 %.	← ________	sind 240 g Eis.	← Prozentwert	von 200 Eiern.	← ________

2. Formuliere zu jeder Aufgabe eine Frage. Kreuze dann an, ob der Grundwert, der Prozentwert oder der Prozentsatz berechnet werden muss.

	Was muss berechnet werden?
a) Bei den Bundesjugendspielen im vergangenen Jahr hat Max im Weitsprung 3,20 m geschafft. Diesmal sind es 3,48 m. Frage:	☐ Grundwert ☐ Prozentwert ☐ Prozentsatz
b) Die Kugel Eis beim Italiener kostete bisher 0,50 €. In diesem Jahr sind es 0,70 €. Frage:	☐ Grundwert ☐ Prozentwert ☐ Prozentsatz
c) Die Firma Müller entlässt 12 % ihrer Mitarbeiter. Es sind 3 Mitarbeiter betroffen. Frage:	☐ Grundwert ☐ Prozentwert ☐ Prozentsatz
d) Ein Motorradhändler nimmt ein Motorrad für 2800 € in Zahlung und verkauft es für 3200 € weiter. Frage:	☐ Grundwert ☐ Prozentwert ☐ Prozentsatz
e) Vor der Messe kostete die Videokamera noch 460 €. Nach der Messe ist der Preis um 30 % gefallen. Frage:	☐ Grundwert ☐ Prozentwert ☐ Prozentsatz

Prozentwert

Du willst wissen, wie viel du für dein T-Shirt bezahlen musst, wie viel Fett du nun tatsächlich isst und wie viel mehr du im kommenden Monat verdienen wirst?

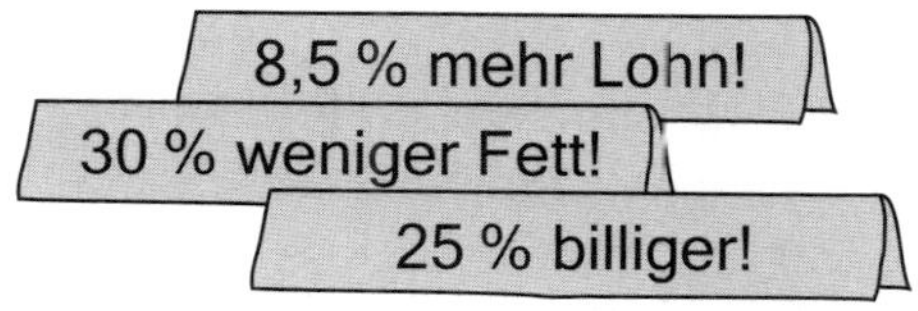

1. Es gibt unterschiedliche Methoden, den Prozentwert zu berechnen. Rechne in a), b) und c) nach den angegebenen Methoden und trainiere in d) die Methode, die dir besonders einfach erscheint.

a) Prozent bedeutet „pro Hundert". 6 % von 300 cm = $\frac{6}{100} \cdot 300$ cm = 18 cm.
Rechne möglichst im Kopf.

5 % von 40 g = ______ 6 % von 15 l = ______ 35 % von 30 € = ______

70 % von 50 kg = ______ 8 % von 12 kg = ______ 40 % von 8 kg = ______

20 % von 80 m = ______ 14 % von 7 m^2 = ______ 78 % von 2 € = ______

b) 1 % eines Grundwertes zu berechnen ist besonders einfach. Daraus kannst du dann leicht andere Prozentwerte im Kopf berechnen.

800 cm		7,00 €		50 l		120 Personen		12 m		1,5 h	
1 %		1 %		1 %		1 %		1 %		1 %	
2 %		5 %		9 %		35 %		12 %		40 %	

c) Thomas hat sich einen einfachen Weg ausgedacht, um 15 % eines Grundwertes auszurechnen: Er teilt den Grundwert durch 10, dann das Ergebnis durch 2 und addiert die beiden Ergebnisse. Rechne ähnlich geschickt (möglichst im Kopf).

15 % von 90 m = ______ 5 % von 80 km = ______ 45 % von 40 l = ______

35 % von 40 kg = ______ 15 % von 300 m^2 = ______ 12 % von 60 € = ______

15 % von 70 € = ______ 35 % von 6 m = ______ 110 % von 18 € = ______

d) Verwende die Methode, die dir besonders liegt.

6 % von 40 m = ______ 9 % von 80 cm = ______ 55 % von 60 l = ______

12 % von 70 kg = ______ 13 % von 300 km = ______ 11 % von 50 m = ______

8 % von 60 € = ______ 35 % von 80 € = ______ 95 % von 22 € = ______

2. **a)** Sahnequark hat einen Fettanteil von 40 %. Wie viel Gramm Fett enthält eine 500-g-Packung?

____

b) „Die Benzinpreiserhöhung trifft uns alle gleichermaßen. Jeder muss 17 % mehr zahlen!"
Herr Meier hat im vergangenen Jahr 3200 € für Benzin ausgeben müssen. Herr Fritz ist mit 380 € ausgekommen. Berechne für Herrn Meier und Herrn Fritz die jährliche Mehrbelastung.

____

Selbstkontrolle ungeordnet (ohne Einheiten): 0,015; 0,07; 0,12; 0,35; 0,5; 0,6; 0,9; 0,96; 0,98; 1,2; 1,44; 1,56; 2; 2,1; 2,4; 3,2; 4; 4,5; 4,8; 5,5; 7,2; 7,2; 8; 8,4; 10,5; 10,5; 13,5; 14; 16; 16; 18; 19,8; 20,9; 28; 33; 35; 39; 42; 45; 64,6; 200; 544

Grundwert

Du möchtest gerne berechnen können, wie viele Menschen vor 10 Jahren ungefähr auf der Welt gelebt haben?

WO SOLL DAS ENDEN?
Weltbevölkerung in den letzten 10 Jahren um 10 % auf 6,6 Milliarden gewachsen.

1. Es gibt unterschiedliche Methoden, den Grundwert zu berechnen. Rechne alle Methoden genau durch und trainiere im Aufgabenteil d) die Methode, die dir besonders einfach erscheint.

a) *Beispiel:* Eine Hose wurde auf 40 € herabgesetzt. Das sind 80 % des ursprünglichen Preises.

Wie viel hat die Hose zuvor gekostet? $\frac{80}{100} \overset{(:2)}{=} \frac{40}{\text{Grundwert}}$. Also beträgt der Grundwert 50 €.

Berechne den Grundwert (möglichst im Kopf).

Prozentsatz	8 %	12 %	20 %	25 %	30 %	12 %	50 %	15 %	22 %	$33\frac{1}{3}$ %
Prozentwert	40 m	48 kg	5 l	16 m^2	24 l	24 min	21 €	45 m^3	66 cm	5,8 kg
Grundwert										

b) *Beispiel:* 60 % der Klassenkasse wurde für „Kinder in Not" gespendet. Das waren stolze 240 €. Wie viel Geld war in der Klassenkasse? 1 % entsprechen 240 € : 60 = 4 €. 100 % sind also 400 €. Berechne den Grundwert (möglichst im Kopf).

Prozentsatz	3 %	5 %	12 %	4 %	20 %	15 %	30 %	7 %	6 %	10 %
Prozentwert	60 kg	35 cm	6 h	24 min	4 g	60 €	18 cm	49 m^2	48 t	17,50 €
Grundwert										

c) Bei günstigen Werten kann man den Grundwert besonders einfach berechnen. *Beispiel:* 35 % eines Wanderweges verlaufen im Wald. Das sind 10,5 km. Wie lang ist der Wanderweg?
5 % entsprechen 10,5 km : 7 = 1,5 km. Der Wanderweg ist also 20 · 1,5 km = 30 km lang.

Prozentsatz	5 %	15 %	20 %	25 %	40 %	8 %	50 %	35 %	22 %	$33\frac{1}{3}$ %
Prozentwert	40 g	60 m	4 h	17,5 m^2	24 l	24 min	137 m^3	21 €	33 cm	4,2 kg
Grundwert										

d) Verwende die Methode, die dir besonders liegt.

Prozentsatz	2 %	6 %	12 %	15 %	8 %	30 %	25 %	5 %	4 %	35 %
Prozentwert	9 m	9 km	72 g	18 l	8 kg	60 min	102 m^2	45 €	44 t	77 min
Grundwert										

2. **a)** Nach einer Preisreduktion von 25 % kostet ein Handy noch 48 €. Wie hoch war der alte Preis?

____

b) Die Weltbevölkerung ist in den letzten 10 Jahren um 10 % auf 6,6 Milliarden gewachsen. Wie viele Menschen gab es vor 10 Jahren etwa?

____

c) Bei einem Fußballspiel wurden 49130 Karten verkauft. Damit war das Stadion zu 85 % gefüllt. Wie viele Plätze hat das Stadion? ______________________________

Selbstkontrolle ungeordnet (ohne Einheiten): 12,6; 17,4; 20; 20; 25; 42; 50; 60; 60; 60; 64; 64; 70; 80; 100; 120; 150; 150; 175; 200; 200; 220; 274; 300; 300; 300; 400; 400; 400; 408; 450; 500; 600; 600; 700; 700; 800; 800; 900; 1100; 2000; 57800; 6 000 000 000

Prozentsatz

1. Die achten Klassen haben eine Vergleichsarbeit geschrieben. Jetzt untersuchen sie, wie viel Prozent der Noten jeder Klasse besser als befriedigend sind. Ergänze die Tabelle.

	8a	8b	8c	8d
I) Anzahl der Noten besser als „3“	7	6	9	12
II) Anzahl der abgegebenen Arbeiten	25	20	30	32
Verhältnis von I) zu II)	$\frac{7}{25}$			
Prozentsatz der Noten besser als „3“				

2. Um den Prozentsatz zu bestimmen, muss der Bruch $\frac{\text{Prozentwert}}{\text{Grundwert}}$ berechnet werden.

Bearbeite a) und b) in den gezeigten Methoden zur Berechnung des Prozentsatzes.

a) Erweitern des Nenners auf 100
(Achtung: Die Brüche werden meist einfacher, wenn du erst kürzt.)
Beispiel: 18 Schülerinnen und 12 Schüler besuchen die Klasse 8c. Wie groß ist der Prozentsatz der Mädchen? $\frac{18}{30} \overset{(:3)}{=} \frac{6}{10} \overset{(\cdot 10)}{=} \frac{60}{100} = 60\,\%$ Mädchen besuchen die Klasse 8c.

Berechne den Prozentsatz (möglichst im Kopf).

Prozentwert	20 kg	7 m	13 g	3,7 km	1 m²	21 l	7 €	12 h	7 cm	6 t
Grundwert	50 kg	20 m	25 g	10 km	5 m²	30 l	28 €	15 h	56 cm	5 t
Prozentsatz										

b) Ausdividieren – Umwandeln in eine Dezimalzahl
Beispiel: Herr Krümel hat 5 kg abgenommen. Jetzt wiegt er 82 kg.

Wie viel Prozent hat er abgenommen? $\frac{5}{82} = 5 : 82 \approx 0{,}061 = \frac{6{,}1}{100} = 6{,}1\,\%$. Herr Krümel hat ungefähr 6,1 % abgenommen.
Aus Zeitgründen solltest du nicht mehr als 4 Nachkommastellen ausrechnen und dann runden.
Berechne den Prozentsatz.

Prozentwert	1 g	7 €	5 l	2 m	5 km	5 m²	80 t	1,2 kg	5 cm	3 h
Grundwert	6 g	40 €	9 l	3 m	4 km	6 m²	90 t	4 kg	12 cm	8 h
Prozentsatz										

c) Verwende die Methode, die am besten passt.

Prozentwert	5 h	5 t	3 cm	9 kg	2 m²	49 g	21 l	21 cm	54 km	18 m
Grundwert	7 h	8 t	2 cm	15 kg	11 m²	35 g	18 l	70 cm	60 km	30 m
Prozentsatz										

3. Herr Buhan verdient im Monat 2 400 €. Ab sofort soll er monatlich eine Zulage von 210 € erhalten. Um wie viel Prozent erhöht sich dadurch sein Gehalt?

____

Selbstkontrolle ungeordnet (ohne Einheiten): 12,5; 16,7; 17,5; 18,2; 20; 25; 28; 30; 30; 30; 30; 35; 37; 37,5; 37,5; 40; 41,7; 52; 55,6; 60; 60; 62,5; 66,7; 70; 71,4; 80; 83,3; 88,9; 90; 116,7; 120; 125; 140; 150

Brüche und Prozente

Selbstkontrolle zu S. 21

1.

	Prozent	100stel-Bruch	Bruch
a)	10 % aller Schüler sind krank.	$\frac{10}{100}$ aller Schüler sind krank.	$\frac{1}{10}$ aller Schüler sind krank.
b)	25 % aller Lose gewinnen.	$\frac{25}{100}$ aller Lose gewinnen.	$\frac{1}{4}$ aller Lose gewinnen.
c)	50 % der Kinder sind Mädchen.	$\frac{50}{100}$ der Kinder sind Mädchen.	Die Hälfte der Kinder sind Mädchen.
d)	Fritz gibt 20 % seines Taschengeldes für Süßigkeiten aus.	$\frac{20}{100}$ des Taschengeldes	$\frac{1}{5}$ des Taschengeldes

2. $\frac{1}{4} = 25\,\%$; $\frac{1}{10} = 10\,\%$; $\frac{3}{10} = 30\,\%$; $\frac{3}{4} = 75\,\%$; $\frac{1}{8} = 12{,}5\,\%$

3.

Bruch	$\frac{1}{2}$	$\frac{1}{4}$	$\frac{1}{5}$	$\frac{1}{8}$	$\frac{1}{10}$	$\frac{3}{4}$	$\frac{2}{5}$	$\frac{3}{5}$	$\frac{4}{5}$	$\frac{3}{8}$	$\frac{7}{8}$	$\frac{3}{10}$	$\frac{7}{10}$
100stel-Bruch	$\frac{50}{100}$	$\frac{25}{100}$	$\frac{20}{100}$	$\frac{12{,}5}{100}$	$\frac{10}{100}$	$\frac{75}{100}$	$\frac{40}{100}$	$\frac{60}{100}$	$\frac{80}{100}$	$\frac{37{,}5}{100}$	$\frac{87{,}5}{100}$	$\frac{30}{100}$	$\frac{70}{100}$
Prozentzahl	**50 %**	**25 %**	**20 %**	**12,5 %**	**10 %**	**75 %**	40 %	60 %	80 %	37,5 %	87,5 %	30 %	70 %

4. a) 400 : 10 = 40; 40 : 2 = 20; 40 + 20 = 60

b) 350 € : 10 = 35 €; 35 € : 2 = 17,5 €; 35 € + 17,50 € = 52,50 €

Thomas berechnet erst $\frac{1}{10}$, also 10 %, dann die Hälfte davon, also 5 %, und addiert dann 10 % + 5 %.

Grundwert, Prozentwert und Prozentsatz

Selbstkontrolle zu S. 22

1.

a)		b)		c)	
a) 100 Äpfel	← Prozentwert	**b)** 60 Prozent	← Prozentsatz	**c)** 150 Eier	← Prozentwert
von 400 Äpfeln	← Grundwert	von 400 g Eis	← Grundwert	sind 75 Prozent	← Prozentsatz
sind 25 %.	← Prozentsatz	sind 240 g Eis.	← Prozentwert	von 200 Eiern.	← Grundwert

2. a) Um wie viel Prozent hat Max seine Sprungweite gesteigert? ☒ Prozentsatz

b) Um wie viel Prozent ist die Eiskugel teurer geworden? ☒ Prozentsatz

c) Wie viele Mitarbeiter hat die Firma Müller vor der Entlassung gehabt? ☒ Grundwert

d) Wie viel Prozent vom Verkaufspreis verdient der Motorradhändler? ☒ Prozentsatz

e) Um wie viel Euro ist die Videokamera billiger geworden? ☒ Prozentwert

Name: ______________________ Klasse: __________ Datum: ____________

Hier kannst du überprüfen, ob sich dein Üben gelohnt hat.
Lies die Aufgaben genau durch und beantworte sie dann in Ruhe.
Du benötigst für einige Aufgaben ein zusätzliches Blatt.
Nach jeder (Teil-)Aufgabe kreuze an, wie du sie empfunden hast.

1. a) Ergänze die Zahlen, die mit Pfeilen gekennzeichnet sind.

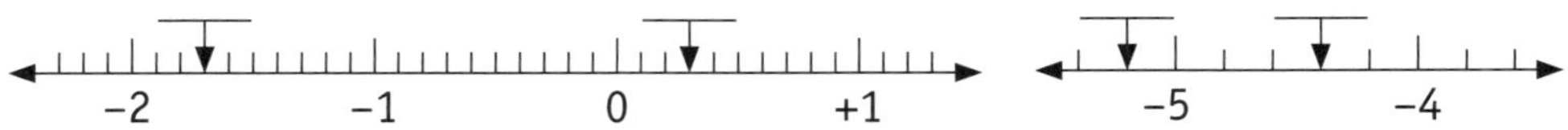

b) Trage auch −0,9; + 0,6; $-\frac{2}{5}$; $+\frac{3}{4}$ auf der Zahlengeraden (links) ein.

2. Rechne im Kopf.

a) 6 + (−4) = ____ **b)** 4 − (+9) = ____ **c)** −5,8 + 5,3 = ____ **d)** −27,9 + 27,8 = ____

−8 + (+5) = ____ −5 − ____ = −8 −3,6 − (−3) = ____ −____ − 4,3 = −4

3. a) Der Abstand der Zahlen −2,6 und + 1,7 ist gesucht.
Die Rechenaufgabe dazu lautet:

______________________ = ______.

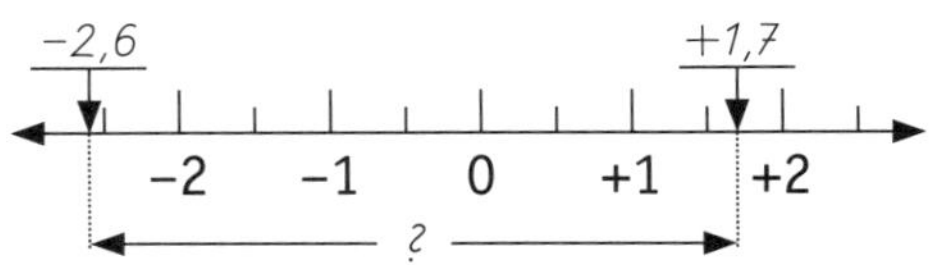

b) Gib alle Zahlen an, die von −2,5 den Abstand 4,5 haben.

4. Rechne im Kopf.

a) (+3) · (+5) = ___ **b)** (−8) · (+5) = ___ **c)** (+42) : (+7) = ___ **d)** (+96) : (−12) = ___

(−4) · (−6) = ___ (+9) · (___) = −36 (−72) : (−8) = ___ (___) : (+11) = −9

5. a) Wie viel Prozent sind eingefärbt? **b)** Färbe den angegebenen Anteil ein.

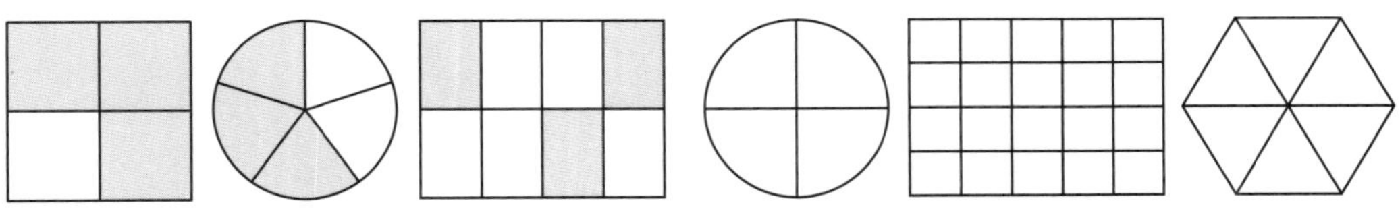

_______ _______ _______ 50 % 80 % $33\frac{1}{3}$ %

6. Schreibe in Prozent.

a) $\frac{1}{4}$ = _____ **b)** $\frac{3}{5}$ = _____ **c)** $\frac{5}{8}$ = _____ **d)** $\frac{2}{3}$ = _____

7. Berechne im Kopf.

a) den Prozentwert
20 % von 45 m =
5 % von 260 € =
6 % von 150 kg =

b) den Prozentsatz
7 cm von 70 cm =
3 von 300 Personen =
30 g von 90 g =

c) den Grundwert
90 € sind 75 % von
45 l sind 30 % von
8 km sind 4 % von

8. a) Ein Neuwagen kostet 24 000 €. Die zusätzliche Ausstattung soll 4 % mehr kosten. Wie viel muss mehr bezahlt werden?

b) Ein Lederkoffer wird für 98 € verkauft. Das sind 70 % des ursprünglichen Preises. Wie viel hat der Lederkoffer vorher gekostet?

c) Im letzten Schuljahr besuchten 25 Schülerinnen und Schüler die Musik-AG. In diesem Schuljahr sind es 28. Um wie viel Prozent ist die Musik-AG gewachsen?

Die Aufgabe war:

	😊	🙂	😕	☹
1. a)				
1. b)				
2. a)				
2. b)				
2. c)				
2. d)				
3. a)				
3. b)				
4. a)				
4. b)				
4. c)				
4. d)				
5. a)				
5. b)				
6. a)				
6. b)				
6. c)				
6. d)				
7. a)				
7. b)				
7. c)				
8. a)				
8. b)				
8. c)				

1. a) Ergänze die Zahlen, die mit Pfeilen gekennzeichnet sind.

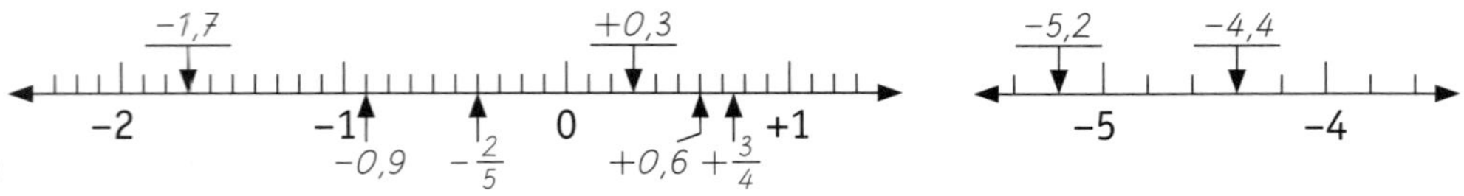

b)

2. Rechne im Kopf.

a) $6 + (-4) = +2$ $-8 + (+5) = -3$

b) $4 - (+9) = -5$ $-5 - (+3) = -8$

c) $-5{,}8 + 5{,}3 = -0{,}5$ $-3{,}6 - (-3) = -0{,}6$

d) $-27{,}9 + 27{,}8 = -0{,}1$ $-(-0{,}3) - 4{,}3 = -4$

3. a) Der Abstand der Zahlen − 2,6 und + 1,7 ist gesucht.
Die Rechenaufgabe dazu lautet:
$+1{,}7 - (-2{,}6) = 4{,}3$.

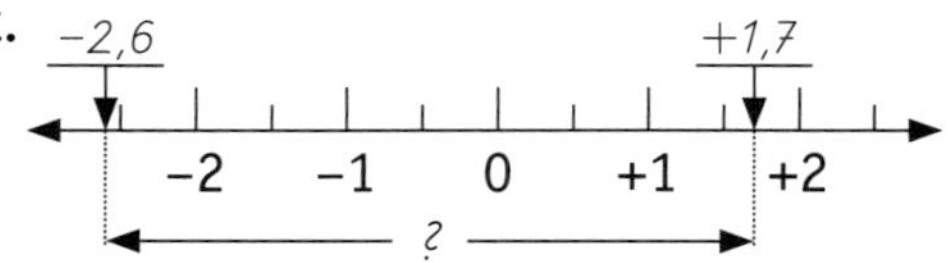

b) Gib alle Zahlen an, die von − 2,5 den Abstand 4,5 haben: − 7; + 2.

4. Rechne im Kopf.

a) $(+3) \cdot (+5) = +15$ $(-4) \cdot (-6) = +24$

b) $(-8) \cdot (+5) = -40$ $(+9) \cdot (-4) = -36$

c) $(+42) : (+7) = +6$ $(-72) : (-8) = +9$

d) $(+96) : (-12) = -8$ $(-99) : (+11) = -9$

5. a) Wie viel Prozent sind eingefärbt?

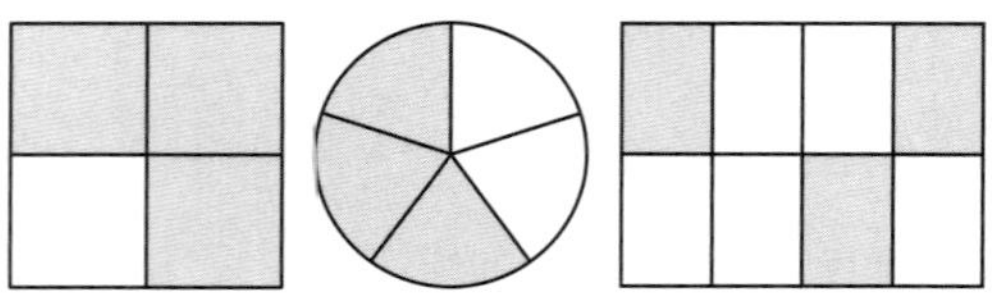

75 %   60 %   37,5 %

b) Färbe den angegebenen Anteil ein.

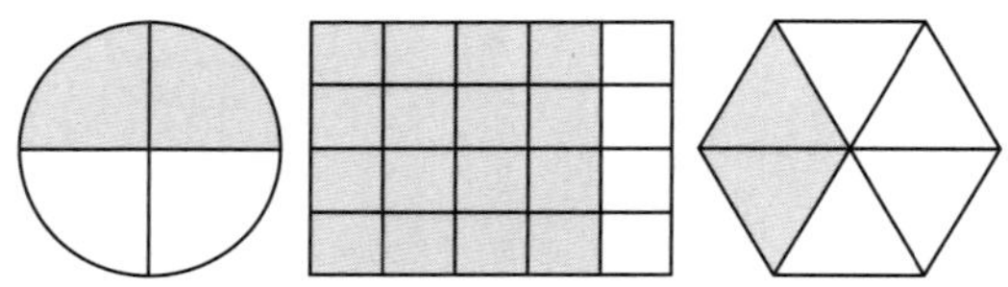

50 %   80 % $33\frac{1}{3}$ %

6. Schreibe in Prozent.

a) $\frac{1}{4} = 25\,\%$ **b)** $\frac{3}{5} = 60\,\%$ **c)** $\frac{5}{8} = 62{,}5\,\%$ **d)** $\frac{2}{3} = 66\frac{2}{3}\,\% \approx 66{,}7\,\%$

7. Berechne im Kopf.

a) den Prozentwert
20 % von 45 m = 9 m
5 % von 260 € = 13 €
6 % von 150 kg = 9 kg

b) den Prozentsatz
7 cm von 70 cm = 10 %
3 von 300 Personen = 1 %
30 g von 90 g = $33\frac{1}{3}$ %

c) den Grundwert
90 € sind 75 % von 120 €.
45 l sind 30 % von 150 l.
8 km sind 4 % von 200 km.

8. a) Es müssen 4 % von 24 000 € = 960 € mehr bezahlt werden.

b) 1 % entsprechen 98 € : 70 = 1,40 €. Der ursprüngliche Preis, also 100 %, betrug 140 €.

c) $\frac{3\ \text{(Prozentwert)}}{25\ \text{(Grundwert)}} = \frac{\text{Prozentsatz}}{100}$. Die Musik-AG ist um 12 % gewachsen.

ZUORDNUNGEN UND FUNKTIONEN

LERNSTANDSERMITTLUNG

Name: ______________________ Klasse: __________ Datum: ______________

Die Aufgabe war: ☺ ☺ ☹ ☹

Lies die Aufgaben genau durch und beantworte sie dann in Ruhe.
Du benötigst für einige Aufgaben ein zusätzliches Blatt.
Nach jeder (Teil-)Aufgabe kreuze an, wie du sie empfunden hast.

1. a) Die folgenden Bilder zeigen die Entwicklung eines Pilzbefalls, der mit einem Gift behandelt wurde. Entscheide jeweils, ob es sich um einen **Funktions**graphen handelt oder nicht. Begründe.

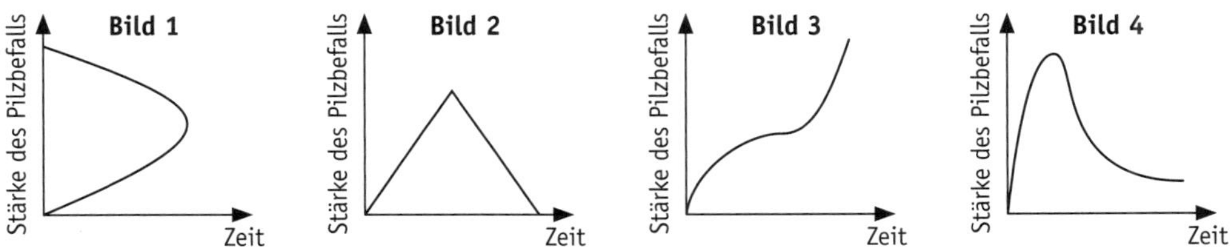

b) Ordne die folgenden Beschreibungen obigen Bildern richtig zu.

Zuerst wachsen die Pilze rasch an. Nach Einsatz des Gifts stoppt das Wachstum, dann wachsen sie wieder mindestens ebenso schnell wie zuvor.
Bild __

Zu Beginn wachsen die Pilze gleichmäßig. Nach Einsatz des Gifts sterben die Pilze fast genauso gleichmäßig ab.
Bild __

Zu Beginn wachsen die Pilze rasch an. Nach Einsatz des Gifts werden große Mengen abgetötet, aber ein Restbestand scheint zu bleiben.
Bild __

2. Ordne die Graphen richtig zu.

Dreisatz:

Anzahl	Preis (€)
3	3,60
1	1,20
4	4,80

Graph Nr. __

Text:
Kevin hat nur noch 3 € auf seinem Sparbuch. Er will jetzt jede Woche 1,20 € sparen.

Graph Nr. __

Funktionsgleichung:
$f(x) = -0{,}5x + 3$

Graph Nr. __

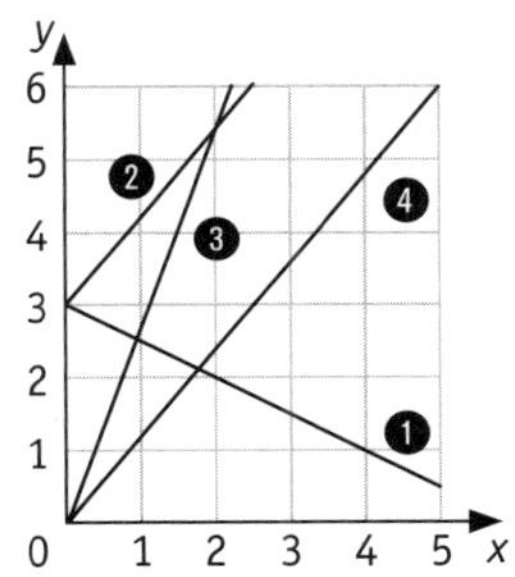

3. Notiere zu der Funktionsgleichung $f(x) = 4x$ einen Dreisatz oder eine Tabelle.

4. Notiere eine Funktionsgleichung zu folgendem Text:
Ein Wasserbecken ist mit 530 Litern Wasser gefüllt. Stündlich laufen 220 Liter zu.

5. Wenn du eine bestimmte Strecke gehen musst, dann hängt die Anzahl deiner Schritte davon ab, wie groß deine Schritte sind. Die Größe eines Schritts heißt „Schrittlänge". Ergänze die Tabelle.

Schrittlänge	60 cm	50 cm	36 cm	30 cm	72 cm	80 cm
Anzahl der Schritte	120	144				

6. Handelt es sich um eine proportionale oder um eine antiproportionale Zuordnung?

a)

Anzahl	2	3	4	5
Tage	24	16	12	9,6

☐ proportional ☐ antiproportional

b)

Anzahl	2	3	4	5
Tage	10	15	20	25

☐ proportional ☐ antiproportional

1. a) Die folgenden Bilder zeigen die Entwicklung eines Pilzbefalls, der mit einem Gift behandelt wurde. Entscheide jeweils, ob es sich um einen **Funktions**graphen handelt oder nicht.

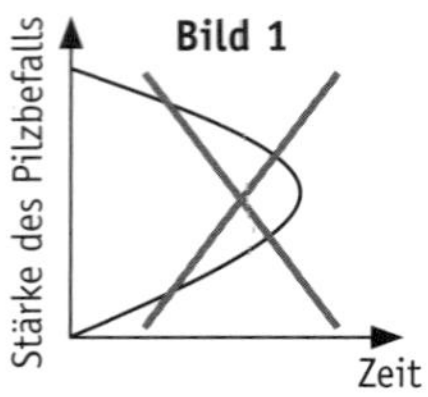

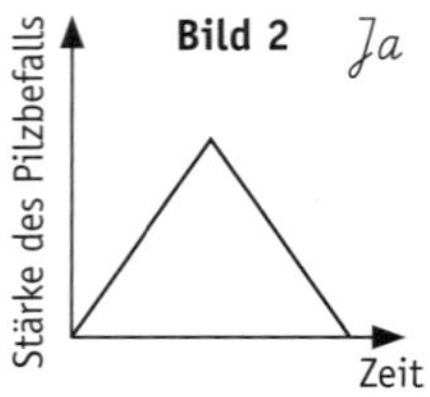

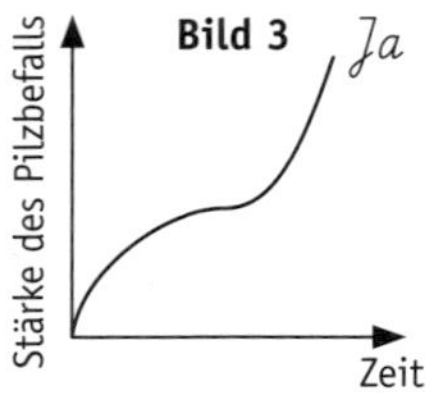

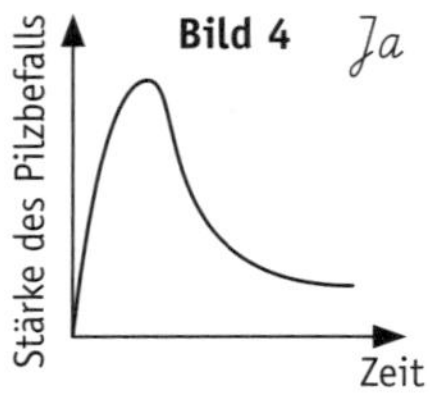

Begründung: *Die Graphen 2 bis 4 sind Funktionsgraphen, da jedem Zeitpunkt genau ein Funktionswert (der die Stärke des Pilzbefalls angibt) zugeordnet wird.*

b) Ordne die folgenden Beschreibungen obigen Bildern richtig zu.

Zuerst wachsen die Pilze rasch an. Nach Einsatz des Gifts stoppt das Wachstum, dann wachsen sie wieder mindestens ebenso schnell wie zuvor.
Bild *3*

Zu Beginn wachsen die Pilze gleichmäßig. Nach Einsatz des Gifts sterben die Pilze fast genauso gleichmäßig ab.
Bild *2*

Zu Beginn wachsen die Pilze rasch an. Nach Einsatz des Gifts werden große Mengen abgetötet, aber ein Restbestand scheint zu bleiben.
Bild *4*

2. Ordne die Graphen richtig zu.

Dreisatz:

Anzahl	Preis (€)
3	3,60
1	1,20
4	4,80

Graph Nr. *4*

Text:
Kevin hat nur noch 3 € auf seinem Sparbuch. Er will jetzt jede Woche 1,20 € sparen.

Graph Nr. *2*

Funktionsgleichung:
$f(x) = -0{,}5\,x + 3$

Graph Nr. *1*

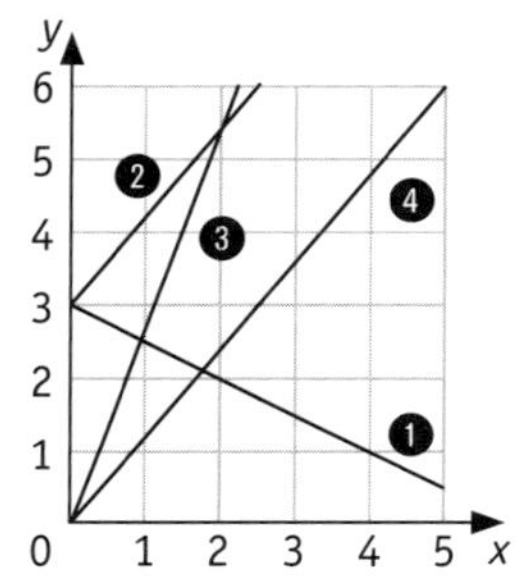

3. Notiere zu der Funktionsgleichung $f(x) = 4x$ einen Dreisatz oder eine Tabelle. Zum Beispiel:

Zeit (h)	Strecke (km)
3	12
1	4
5	20

oder

x	*0*	*1*	*2*	*3*	*4*
$f(x)$	*0*	*4*	*8*	*12*	*16*

4. Notiere eine Funktionsgleichung zu folgendem Text: Ein Wasserbecken ist mit 530 Litern Wasser gefüllt. Stündlich laufen 220 Liter zu. $f(x) = 220 \cdot x + 530$

5. Wenn du eine bestimmte Strecke gehen musst, dann hängt die Anzahl deiner Schritte davon ab, wie groß deine Schritte sind. Die Größe eines Schritts heißt „Schrittlänge". Ergänze die Tabelle.

Schrittlänge	60 cm	50 cm	36 cm	30 cm	72 cm	80 cm
Anzahl der Schritte	120	144	*200*	*240*	*100*	*90*

6. Handelt es sich um eine proportionale oder um eine antiproportionale Zuordnung?

a)

Anzahl	2	3	4	5
Tage	24	16	12	9,6

☐ proportional ☒ antiproportional

b)

Anzahl	2	3	4	5
Tage	10	15	20	25

☒ proportional ☐ antiproportional

Aufgabentyp	Beispiele für mögliche Fehler und Fehlvorstellungen	Förderempfehlungen
Grundverständnis von der Definition einer Funktion *(Aufgabe 1a)*	Meist Definitionsfehler: Eindeutigkeit nicht berücksichtigt, *z. B. bei Bild 1* Gekrümmten bzw. abgeknickten Graphen nicht als Funktionsgraphen erkannt, *z. B. bei den Bildern 2 – 4*	• Fördermaterial „Funktionen abschreiten" (S. 32), • Fördermaterial „Funktionen im Alltag" (S. 33/34), • Wiederholung der Definition einer Funktion
Deutung von Graphenverläufen *(Aufgabe 1b)*	Häufig Interpretationsfehler: Verlauf „rückwärts in der Zeit" *bei Bild 1* nicht erkannt, Verwechslung von *x*- und *y*-Achse, *z. B. wird Text 2 Bild 1 zugeordnet* f Wachstumsverhalten wird nicht richtig erkannt (Deutung des Sattelpunktes), *z. B. wird Text 2 Bild 3 zugeordnet* f	• Fördermaterial „Funktionen abschreiten" (S. 32), • Fördermaterial „Funktionen im Alltag" (S. 33/34), • Behandlung von Zeit-Weg-Diagrammen
Inner- und außermathematische Interpretation von linearen Funktionen *(Aufgabe 2)*	Zuordnungen gelingen nicht, weil der jeweilige Zusammenhang nicht klar ist, *z. B. wird Graph 2 dem Dreisatz zugeordnet, Anzahl 3 auf der y-Achse an der Stelle 3* f Vertauschung von y-Achsenabschnitt und Steigung, *z. B. Zuordnung von Graph 3 zur Funktionsgleichung* f Vertauschung von positiver/negativer Steigung, *z. B. wird Graph 1 dem Text zugeordnet* f	• Fördermaterial „Graphen, Texte und Tabellen" (S. 35/36) • Fördermaterial „Graph und Funktionsgleichung" (S. 37) • Wiederholung/Training zu den Zusammenhängen zwischen proportionalem Dreisatz, linearer Funktion, Graph und Sachsituation
Dreisatz/Tabelle zu einer Funktionsgleichung erstellen *(Aufgabe 3)*	Keine geeignete Interpretation, *z. B. keine Lösung,* falscher Aufbau der Tabelle, *z. B. Missachtung des Steigungswertes oder „plus 4", statt „mal 4"* f	• Fördermaterial „Proportionaler Dreisatz" (S. 38) • Fördermaterial „Graphen, Texte und Tabellen" (S. 35/36) • Wiederholung/Training zur Erstellung einer Tabelle zu einer Funktionsgleichung
Funktionsgleichung zu einem Text erstellen *(Aufgabe 4)*	Keine geeignete Interpretation/kein Modell verfügbar, *z. B. keine Lösung,* willkürliche Zusammenstellung der Zahlen in einer erdachten Funktionsgleichung oder Verwechslung von Steigung und *y*-Achsenabschnitt, *z. B.* $f(x) = 530x + 220$ f	• Fördermaterial „Proportionaler Dreisatz" (S. 38) • Fördermaterial „Graphen, Texte und Tabellen" (S. 35/36) • Wiederholung/Training zum Aufstellen von Funktionsgleichungen zu vorgegebenen Texten
Antiproportionale Zuordnungen *(Aufgabe 5)*	Antiproportionalen Zusammenhang nicht erkannt, *z. B. Zuordnung proportional berechnet: 30 cm wird 60 Schritten zugeordnet.* f	• Fördermaterial „Antiproportionaler Dreisatz" (S. 39) • Wiederholung/Training des antiproportionalen Dreisatzes
Erkennen von proportionalen und antiproportionalen Zuordnungen *(Aufgabe 6)*	Falsche Interpretation der Tabellen, *z. B. aufgrund von Vertauschen der Faustregeln „Je mehr, desto mehr" und „Je mehr, desto weniger"*	• Fördermaterial „Proportionaler Dreisatz" (S. 38) • Fördermaterial „Antiproportionaler Dreisatz" (S. 39) • Fördermaterial „Proportional oder antiproportional?" (S. 40) • Training zur Unterscheidung proportional/antiproportional

Funktionen abschreiten

Selbstkontrolle zu 1 b) und 2 b) auf S. 41

Für 2 Lernpartner

So geht's: Ein Lernpartner löst immer die Stern-Aufgabe ★ und der andere die Mond-Aufgabe ☾.

1. a) Legt im Klassenraum oder auf dem Flur zwei Orte A und B fest, die mindestens 8 Schritte auseinander liegen. Einer von euch geht jetzt von A nach B, und zwar so, wie es der Lernpartner laut Laufanweisung ansagt. Die genaue Zeit, die ihr für den Weg braucht, ist nicht wichtig.

★ **Laufanweisung 1:** Geh zuerst ungefähr die halbe Strecke von A nach B, geh etwa gleich schnell wieder zurück nach A, lauf dann die gesamte Strecke nach B.

☾ **Laufanweisung 2:** Geh von A nach B, zuerst ganz langsam und dann immer schneller.

★ **Laufanweisung 3:** Geh zuerst ungefähr ein Viertel der Strecke, warte dort ein wenig, geh dann ungefähr nochmals ein Viertel mit derselben Geschwindigkeit, warte wieder ein wenig und geh dann langsamer als zuvor nach B.

Der Partner/die Partnerin kontrolliert, ob alles richtig gemacht wird.

b) Ordnet die obigen Laufanweisungen den folgenden Graphen richtig zu.

Graph 1
passt zu Laufanweisung ___.

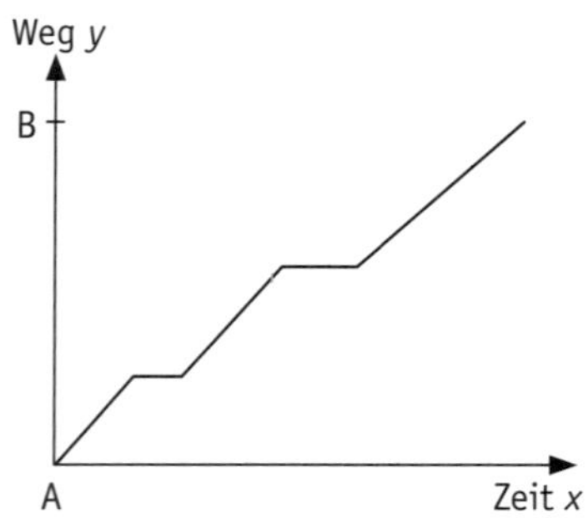

Graph 2
passt zu Laufanweisung ___.

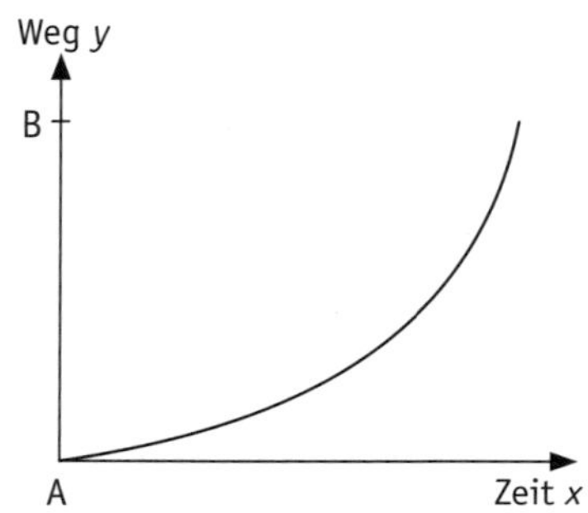

Graph 3
passt zu Laufanweisung ___.

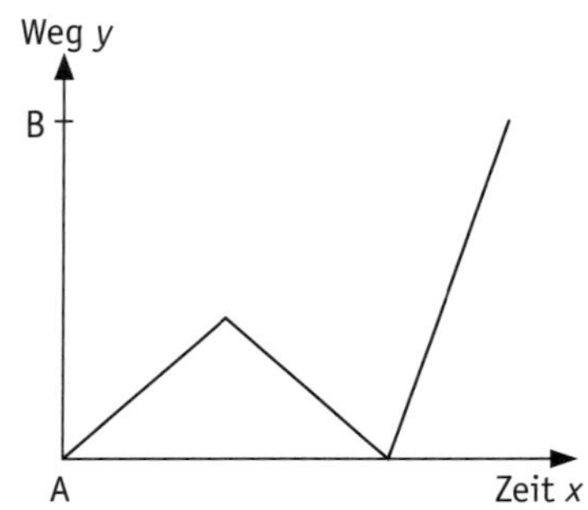

2. a) Nun geht ihr abwechselnd von A nach B, und zwar so, wie es die folgenden Graphen jeweils vorschreiben. Der Partner/die Partnerin kontrolliert, ob alles richtig gemacht wird.

☾ **Graph 4**

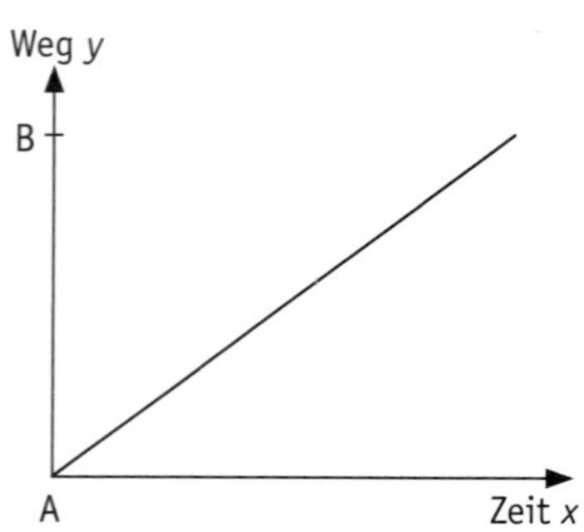

★ **Graph 5**

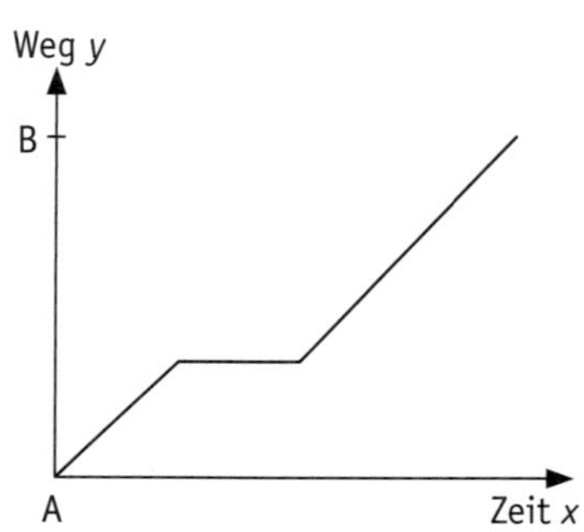

☾ **Graph 6**

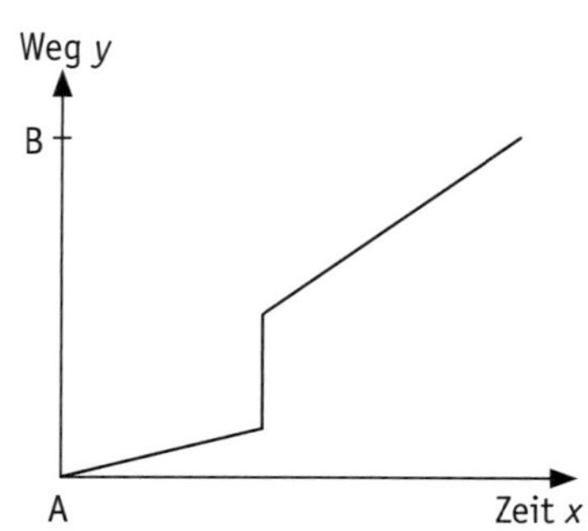

b) Wenn ihr alles richtig gemacht habt, war ein Graph unsinnig. Welcher? Begründet.

3. Zeichnet jeweils einen sinnvollen und einen unsinnigen Graphen und lasst diese durch den Partner ablaufen bzw. korrigieren.

Funktionen im Alltag

Selbstkontrolle auf S. 41

1. Hier siehst du Davids und Birsels Stundenplan für dienstags:

8:00 h Mathe	8:50 h Englisch	9:35 h Pause	10:00 h Sport	10:50 h Sport	11:35 h Pause	12:00 h Chemie	12:50 h Deutsch

Davids Stimmung wird durch den folgenden Graphen veranschaulicht.

a) Ergänze im nachfolgenden Text die Lücken.

Recht gut gelaunt kommt David um ________ zur Schule. Allerdings gefällt ihm der Unterricht in ______________ heute fast gar nicht. Um _________ Uhr erreicht seine Laune einen Tief_________. Erst im __________unterricht hebt sich seine Stimmung wieder. Um _______ Uhr hat er Krach mit Tim und ist wieder __________________ gelaunt. Um 11:35 Uhr ___________ seine Stimmung auf 55 Spaßeinheiten, denn er hat wieder eine ________. In Chemie arbeitet er ganz zufriedenstellend, dann ________ seine Laune noch einmal, denn er hat nun sein Lieblingsfach ____________.

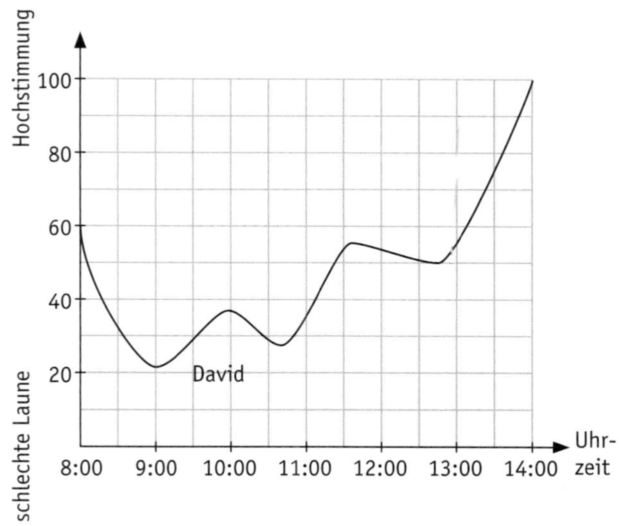

b) Im folgenden Text wird Birsels Stimmung beschrieben. Zeichne den zugehörigen Graphen in das obige Schaubild ein.
Birsels Stimmung um 8:00 Uhr liegt bei ungefähr 20 Spaßeinheiten. Dann jedoch hebt sich ihre Laune und erreicht ihren Hochpunkt zu Beginn der Sportstunde. Es wird Fußball gespielt, Birsels Mannschaft verliert haushoch, und Birsels Laune fällt bis zum Beginn der Chemiestunde auf 25 Spaßeinheiten zurück. Dann hebt sich ihre Laune auf ungefähr 100 Spaßeinheiten, denn Deutsch ist auch ihr Lieblingsfach.

2. Hier siehst du vier Funktionsgraphen, die jeweils den Weg einer Schülerin bzw. eines Schülers von der Wohnung zur Schule in Abhängigkeit von der Zeit zeigen.
Schreibe zu jedem Graphen eine kurze Geschichte.

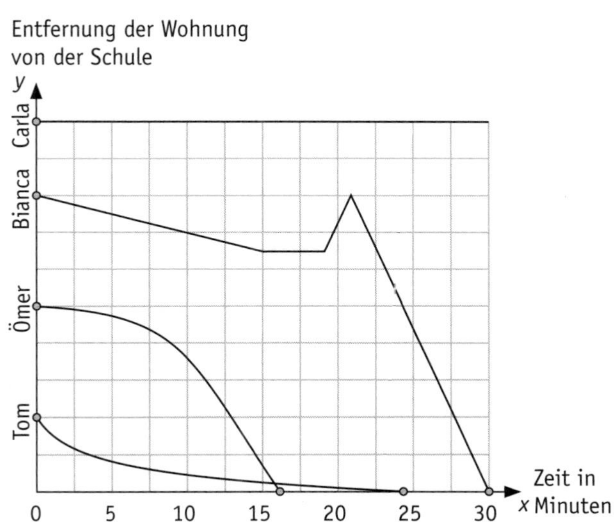

Funktionen im Alltag

Selbstkontrolle auf S. 41

3. Der abgebildete Graph beschreibt die Gebühren in einem Parkhaus.

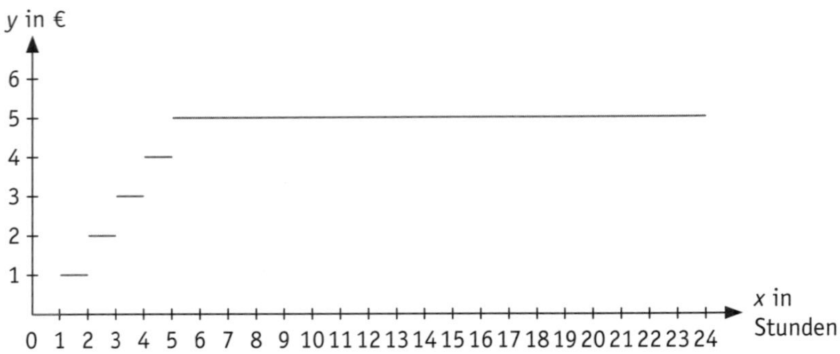

Parkgebühren:
In der ersten Stunde ist das Parken __________. Jede weitere __________ Stunde kostet ______ . Die Höchstparkgebühr beträgt ______ .

a) Ergänze das Schild zu den Parkgebühren. Achte auf eine möglichst genaue Beschreibung. Welches Problem ergibt sich?

b) Zeichne den Graphen zu diesen Parkgebühren.

Parkgebühren:
Für die ersten beiden Stunden beträgt die Parkgebühr insgesamt 1,50 €.
Ab der dritten Stunde wird für jede angefangene Stunde zusätzlich 0,50 € berechnet.
Die maximale Parkdauer beträgt 20 Stunden.

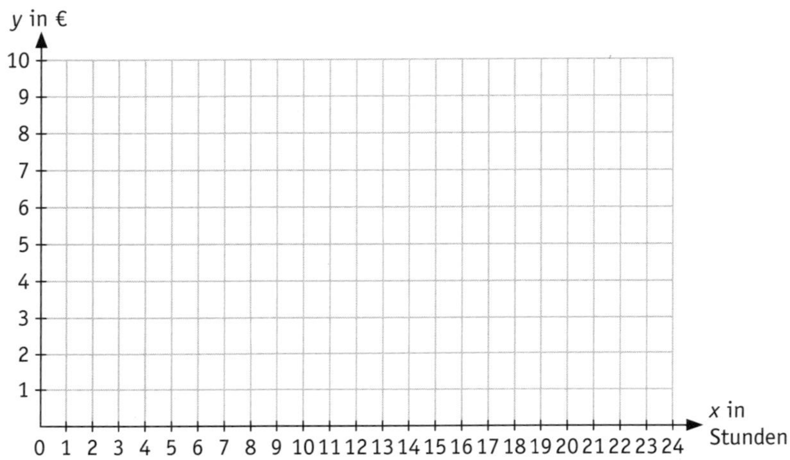

Für 2 Lernpartner

c) Überlege dir andere mögliche Parkgebühren und notiere diese. Lass diese neuen Gebühren von deinem Partner/deiner Partnerin grafisch darstellen.

Parkgebühren:
____
____
____
____
____
____
____

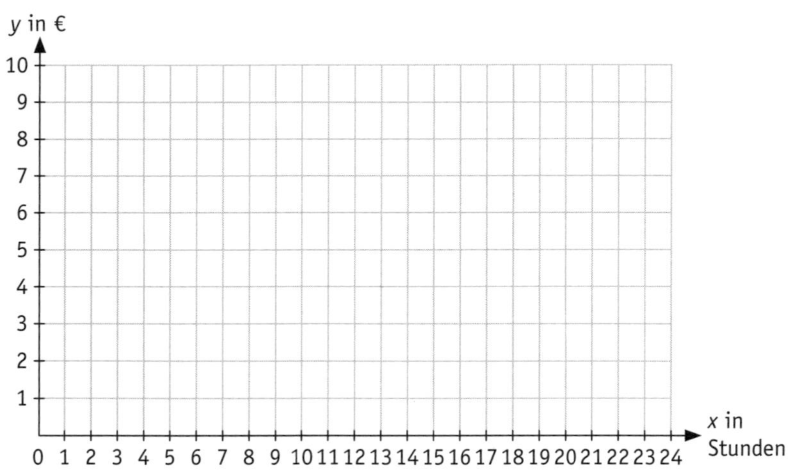

Graphen, Texte und Tabellen

Hilfekarte auf S. 41, Selbstkontrolle auf S. 42

Auch für 2 Lernpartner geeignet

1. a) Zu jedem Graphen gehört ein Text. Ordne richtig zu.

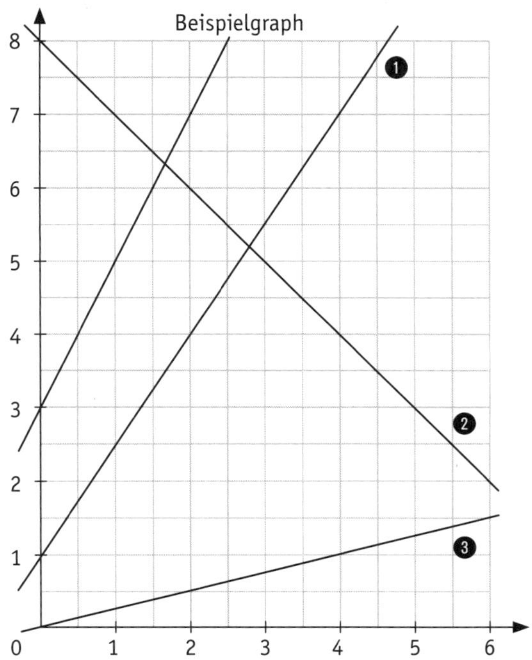

Text A: Lisa stellt fest, dass sich in einer Regentonne 8 Liter Wasser befinden. Stündlich läuft durch ein Loch ein Liter Wasser ab.	**Graph** ___
Text B: In Sergejs Aquarium befinden sich 3 Liter Wasser und ein Fisch. Er lässt ständig Wasser hinzulaufen, um den Fisch zu retten und um das Wasser nicht zu stark abkühlen zu lassen. Stündlich sind es 2 Liter.	**Beispielgraph**
Text C: Um das Wasser eines stark tropfenden Wasserhahns aufzufangen, hat Fritz einen Eimer ins Waschbecken gestellt. Zu Beginn war 1 Liter Wasser im Eimer. Alle 2 Stunden sind 3 Liter Wasser hinzugekommen.	**Graph** ___
Text D: Die Schüler der Klasse 7 b messen einige Tage lang die Regenmenge. An einem Tag messen sie innerhalb von 4 Stunden einen Liter Wasser pro Quadratmeter.	**Graph** ___

b) Ergänze die Tabelle zu den Graphen.

	Der Graph schneidet die y-Achse bei …	Der Graph ist …	Wenn man auf der x-Achse um ___ Kästchen nach rechts geht,	steigt/fällt der Graph um ___ Kästchen	nach_____.	Die Steigung der Geraden beträgt …
Beispielgraph	$y = 3$	steigend	1	2	oben	+ 2
Graph ❶						
Graph ❷						
Graph ❸						

c) Ordne jedem Graphen die passende Wertetabelle zu.

Wertetabelle 1						
x	0	1	2	3	4	5
$f(x)$	8	7	6	5	4	3
Graph _____						

Wertetabelle 2						
x	0	1	2	3	4	5
$f(x)$	0	0,25	0,5	0,75	1	1,25
Graph _____						

Wertetabelle 3						
x	0	1	2	3	4	5
$f(x)$	1	2,5	4	5,5	7	8,5
Graph _____						

Graphen, Texte und Tabellen

Selbstkontrolle auf S. 42

2. a) Hier sind drei verschiedene Situationen vorgegeben. Ergänze in der Tabelle die Auffälligkeiten der drei Situationen wie beim Beispiel.

Beispiel	❶	❷	❸
Stellen Sie um auf Nobelstrom: Wir berechnen für Strom einen Grundpreis von 5 € pro Monat. Der Arbeitspreis beträgt 0,20 € pro kWh (Kilowattstunde).	**Super-Sonder-Angebot!** 3 Liter Fruchtnektar nur 1 Euro! Greifen Sie zu!	**Super Handytarif mit sekundengenauer Abrechnung!** Zur Grundgebühr von 4 € zahlen Sie z. B. für ein Telefonat von 5 Minuten nur 1 €.	**Wachsweich** Eine Kerze der Marke „Wachsweich" ist 12 cm hoch. In einer Stunde brennen 3 cm ab.

	Der Graph schneidet die y-Achse bei ..., denn ... *(Schreibe eine Begründung dazu.)*	Der Graph ist ..., weil ... *(Begründung)*	Wenn man auf der x-Achse um ___ Kästchen nach rechts geht,	steigt/fällt der Graph um ___ Kästchen	nach ________.	Die Steigung des Graphen beträgt ...
Bsp.	$y = 5$, denn man muss im Monat generell 5 € bezahlen, ohne dass man überhaupt Strom verbraucht.	steigend, weil bei steigendem Verbrauch auch die Kosten steigen.	5	1	oben	$\frac{1}{5}$
❶						
❷						
❸						

b) Zeichne zu jeder Situation den passenden Funktionsgraphen.

3. Für 2 Lernpartner

Zeichne drei verschiedene Geraden in ein Koordinatensystem. Erstelle zu jeder Geraden einen passenden Text. Lass nun deinen Lernpartner die Texte den Graphen zuordnen. Vergleicht und besprecht die Texte und die Zuordnungen.

Graph und Funktionsgleichung

Selbstkontrolle auf S. 43

1. a) Fülle folgenden Lückentext aus:
Die abgebildeten Graphen können durch eine Funktionsgleichung der Form $f(x) = m \cdot x + b$ beschrieben werden.

Ist $x = 0$, folgt $f(x) =$ ______________________.

Also gibt b immer den Wert an, bei dem der Graph die ______________________ schneidet.

m gibt jeweils die ______________________ an.

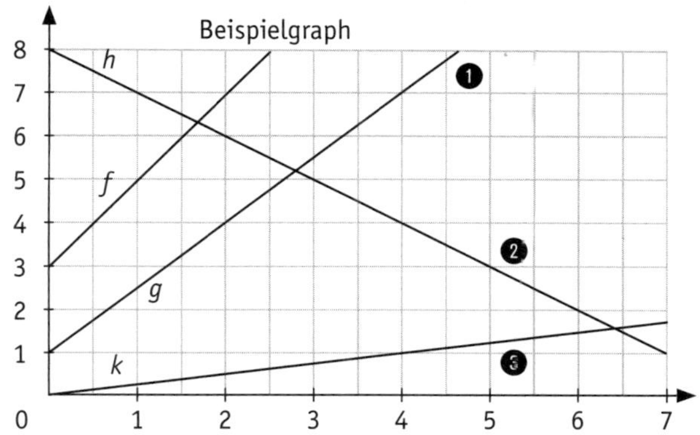

b) Lies aus den Funktionsgraphen jeweils die Steigung m und den y-Achsenabschnitt b ab. Ergänze die Tabelle.

	Der Graph schneidet die y-Achse bei …	Der Graph ist …	Wenn man auf der x-Achse um ___ Kästchen nach rechts geht,	steigt/fällt der Graph um ____ Kästchen	nach ____.	Die Steigung der Geraden beträgt …	Die Funktionsgleichung $f(x) = m \cdot x + b$ lautet …
Bsp.-graph	$b = 3$	steigend	1	2	oben	$m = +2$	$f(x) = 2x + 3$
Graph ❶							$g(x) =$
Graph ❷							$h(x) =$
Graph ❸							$k(x) =$

c) Um einen Graphen zu einer Funktionsgleichung zu erstellen, kann man eine Wertetabelle aufstellen. Wähle z. B. x-Werte von [−3, …, 0, …, 3]. Du musst dann jeden x-Wert in die Funktionsgleichung einsetzen. Das macht viel Arbeit. Einfacher geht es, wenn du direkt am Funktionsterm ablesen kannst, wie der zugehörige Funktionsgraph aussieht. Dies wollen wir jetzt trainieren.

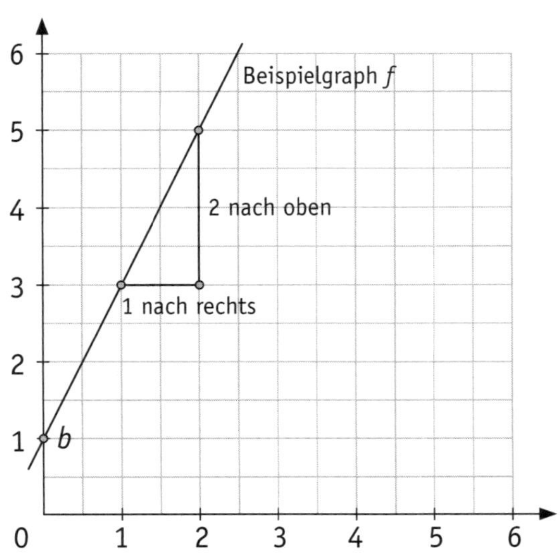

Gegeben sei die Funktionsgleichung:
$f(x) = 2x + 1$. Den y-Achsenabschnitt kannst du leicht ablesen. Er ist in diesem Fall: $b =$ ______ .
Die Steigung beträgt $m = 2 = \frac{2}{1}$, d. h., wenn du ______ Einheiten (Kästchen) nach rechts gehst, sind es ______ Einheiten nach oben bis zum Graphen.
Zeichne nun genauso den Funktionsgraphen zur Funktionsgleichung $g(x) = \frac{1}{5}x + 2$.

d) Zeichne die Graphen in das Koordinatensystem:
$h(x) = 3x + 1$ $k(x) = -2x + 6$
$l(x) = -\frac{1}{2}x + \frac{7}{2}$.
Beachte: Eine negative Steigung bedeutet, dass der Graph fällt!

Proportionaler Dreisatz

Hilfekarte auf S. 43, Selbstkontrolle auf S. 44

Für 2 Lernpartner

1. Ergänze. Vergleiche dann mit deinem Lernpartner.

Text	Dreisatz

Text A
Sarah hat 2 Meerschweinchen. Diese fressen pro Tag 60 g Futter. Sie möchte gerne noch 3 weitere Meerschweinchen. Dann würden diese 150 g Futter pro Tag verbrauchen.

Anzahl Meerschweinchen	Futterverbrauch pro Tag
2	60 g
1	30 g
5	

Text B
Sajit bezahlt für 4 Äpfel der Sorte Elstar 2 €.
____
____

Anzahl Elstar-Äpfel	Kosten
4	2,00 €
1	0,50 €
9	4,50 €

Text C
Drei Tomatenpflänzchen brauchen an heißen Tagen abends ca. 900 ml Wasser.
Bei 10 Tomatenpflanzen sollte man dann etwa ________ ml (= 3 l) gießen.

Anzahl Tomatenpflanzen	Gießwasser pro Tag
3	900 ml
1	

Text D
Auf dem Farbeimer steht, dass man für 50 m^2 Wandfläche ca. 2,5 Liter Farbe verbraucht.
____
____

Wandfläche	Verbrauch an Farbe
50 m^2	2,5 Liter
10 m^2	
180 m^2	

Text E
Bei dem Handytarif „City Smart" kosten 20 Minuten telefonieren in der gleichen Stadt 2,40 €. Telefoniert der Kunde im Monat 75 Minuten, so bezahlt er ________ €.

Minuten	Kosten

Text F
____
____
____

Strecke	Benzinverbrauch
50 km	4,5 l
1 km	
420 km	

2. Denke dir einen Text aus und erstelle den zugehörigen Dreisatz. Gib dann deinen Text an deine Lernpartnerin oder deinen Lernpartner. Sie/er soll den passenden Dreisatz aufschreiben. Vergleicht.

Antiproportionaler Dreisatz

Hilfekarte und Selbstkontrolle auf S. 45

Für 2 Lernpartner

1. Ergänze. Vergleiche dann mit deinem Lernpartner.

Text A
Sarah hat Futter für ihre 2 Meerschweinchen gekauft. Das Futter reicht für 15 Tage. Sarah hat vergessen, dass sie auch die 3 Meerschweinchen ihres Bruders füttern muss.

Anzahl Meerschweinchen	Anzahl der Tage
2	15 Tage
1	30 Tage
5	

Text B
Anna und Bert helfen bei der Obsternte. Sie sollen 120 Kisten Äpfel in einer Stunde umstapeln.

Anzahl der Arbeiter	Zeit
2	60 Minuten
1	120 Minuten
4	

Text C
Wenn Svenja im Urlaub täglich 3 € ausgibt, so reicht ihr Geld für 18 Tage. Sie merkt aber schon am ersten Tag, dass sie täglich 4,50 € ausgibt.

Tagesbudget	Ausreichend für ...
3 €	18 Tage
1 €	

Text D
Ein Kleinwagen verbraucht auf einer Strecke von 100 km ungefähr 8 Liter Benzin. Der Tank fasst 48 Liter.

Benzinverbrauch auf 100 km	Strecke
8 Liter	600 km
2 Liter	
12 Liter	

Text E
Angelos Vater will die Küche mit neuen Fliesen auslegen. Nimmt er quadratische Fliesen mit einer Kantenlänge von 33,3 cm, so benötigt er 127 Fliesen. Er kann aber auch Fliesen mit den Maßen 40,8 cm x 40,8 cm kaufen.

Fläche pro Fliese	Anzahl

Text F

Inhalt in Gramm	Anzahl der Tüten
200 g	25 Tüten
1 g	
125 g	

2. Denke dir einen Text aus und erstelle den zugehörigen Dreisatz. Gib dann deinen Text an deine Lernpartnerin oder deinen Lernpartner. Sie/er soll den passenden Dreisatz aufschreiben. Vergleicht.

Proportional oder antiproportional?

Selbstkontrolle auf S. 44

1. a) Überlege, ob die Graphen einen proportionalen oder einen antiproportionalen oder keinen solchen Zusammenhang veranschaulichen? Begründe deine Antwort.

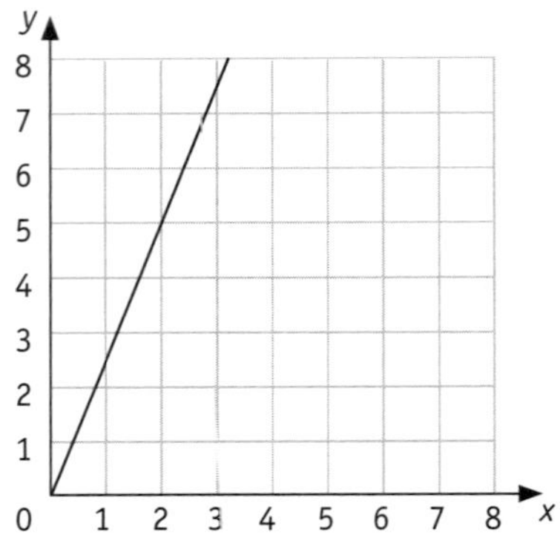

Graph 1
- ☐ proportional
- ☐ antiproportional
- ☐ weder noch.

Begründung:

____

____

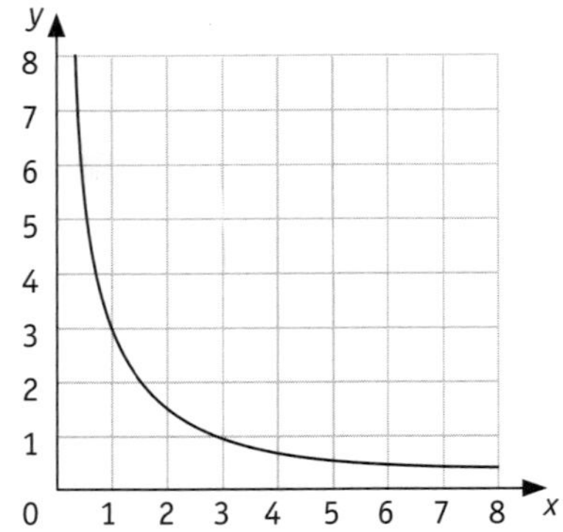

Graph 2
- ☐ proportional
- ☐ antiproportional
- ☐ weder noch

Begründung:

____

____

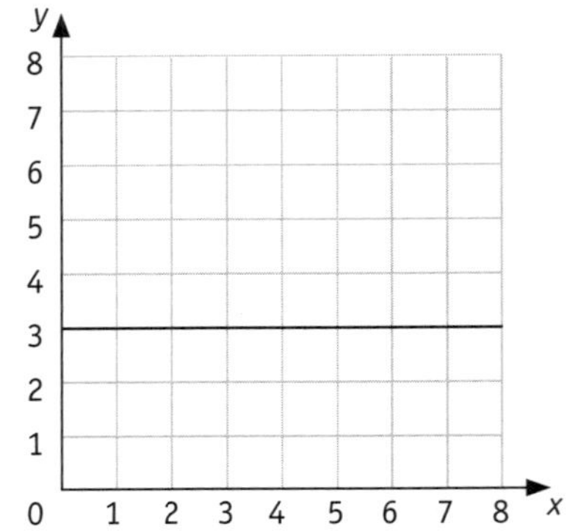

Graph 3
- ☐ proportional
- ☐ antiproportional
- ☐ weder noch

Begründung:

____

____

Für 2 Lernpartner

b) Vergleicht eure Antworten und korrigiert gegebenenfalls eure Ergebnisse. Formuliert gemeinsam einen Text zu jedem der drei Graphen.

2. Überlege, bei welchem der folgenden Fälle es sich um eine proportionale oder eine antiproportionale Zuordnung handelt. Begründe deine Antworten in deinem Heft.

a)

3	2	8	10	12
22,50	33,75	8,4375	6,75	5,625

☐ proportional ☐ antiproportional ☐ weder noch

b)

2	4	6	10	20
4,50	9	14,50	22,50	45

☐ proportional ☐ antiproportional ☐ weder noch

c)

15	7	12	10	20
18,75	8,75	15	12,50	25

☐ proportional ☐ antiproportional ☐ weder noch

d)

17	51
1	3
20	60

☐ proportional
☐ antiproportional
☐ weder noch

e)

20	704
10	352
40	1408

☐ proportional
☐ antiproportional
☐ weder noch

f) Eine Pumpe benötigt für das Leeren eines Wasserbeckens 10 Stunden.
Es werden 4 Pumpen eingesetzt.

☐ proportional ☐ antiproportional ☐ weder noch

g) In der Bäckerei „Fritsche" kosten fünf Brötchen 1,35 €. Die Bäckerei bietet 10 Brötchen zu 2,50 € an.

☐ proportional ☐ antiproportional ☐ weder noch

h) Nils kauft DVD-Rohlinge; 10 Stück kosten 15,79 €. Drei davon verkauft er an seinen Freund Janus.

☐ proportional ☐ antiproportional ☐ weder noch

Funktionen abschreiten

Selbstkontrolle zu S. 32

1. b) **Graph 1** passt zu Laufanweisung 3, **Graph 2** passt zu Laufanweisung 2, und **Graph 3** passt zu Laufanweisung 1.

2. b) **Graph C** ist unsinnig, denn er gibt vor, dass man einen Teil der Strecke von A nach B läuft, ohne dass Zeit vergeht.

Funktionen im Alltag

Selbstkontrolle zu S. 33/34

1. Eure Lösung könnte zum Beispiel folgendermaßen aussehen:

a) 8:00 Uhr; Mathe; 9:00 Uhr; punkt; Englisch; ca. 10:40 Uhr; mies; steigt; Pause; steigt; Deutsch.

b) Der zu Birsels Stimmung passende Graph ist in der Grafik eingezeichnet.

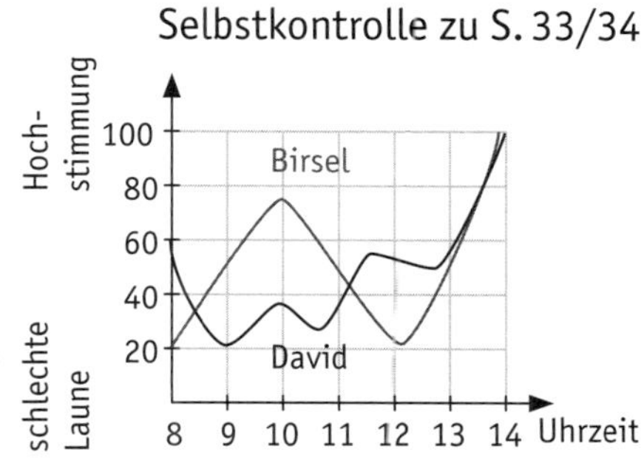

2. Deine kurze Geschichte könnte z. B. ungefähr so lauten: **Carla** geht überhaupt nicht zur Schule; sie ist krank. **Bianca** trödelt die ersten 15 Minuten, dann betrachtet sie ca. 3 Minuten ein Schaufenster, anschließend muss sie ungefähr 2 Minuten zurücklaufen, weil sie ihre Mütze verloren hat. Dann rennt sie zur Schule; sie braucht insgesamt 30 Minuten. **Ömer** wohnt näher an der Schule als Bianca und Carla. Er trödelt auch erst, geht dann aber immer schneller und kommt nach ca. 16 Minuten an.
Tom wohnt von allen vieren am nächsten an der Schule. Er geht sehr langsam, und da er keine Lust auf Schule hat, wird er immer langsamer. Er braucht länger als Ömer und kommt nach ca. 24 Minuten an.

3. a)

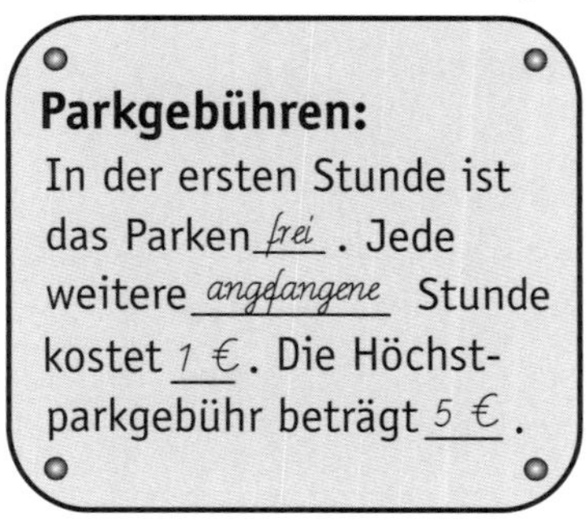

b)

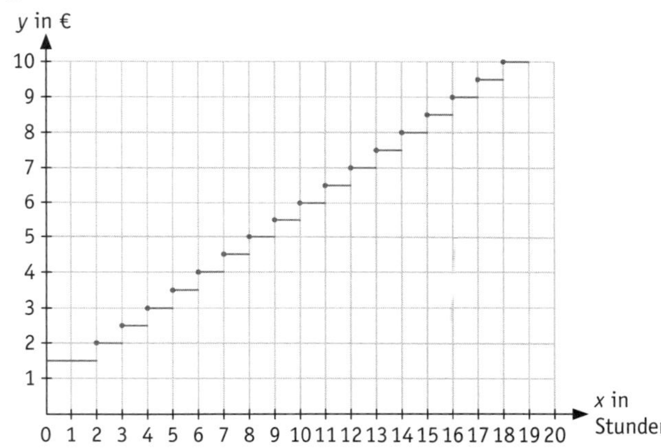

Problem: Der Graph zeigt nicht genau an, ob nach einer vollen Stunde jeweils der höhere Betrag oder der niedrigere zu zahlen ist, zum Beispiel nach 180 Minuten 2 € oder 3 € !?

Zu b): Damit die Gebühren genau ermittelt werden können, wurden Punkte an die „Treppenstufen" gezeichnet, die dem jeweiligen *x*-Wert genau einen *y*-Wert eindeutig zuordnen.

Graphen, Texte und Tabellen

Hilfekarte zu S. 35

Erinnere dich: Ein Koordinatensystem ist folgendermaßen aufgebaut: Die horizontale Achse (auch 1. Achse oder Rechtsachse genannt) ist die *x*-Achse. Die vertikale Achse (2. Achse oder Hochachse) ist die *y*-Achse. In dieser Tabelle kannst du jeweils Erläuterungen zur Fragestellung nachlesen.

	Der Graph schneidet die *y*-Achse bei …	Steigt oder fällt der Graph?	Wenn man auf der *x*-Achse um ____ Kästchen nach rechts geht, steigt der Graph um ____ Kästchen nach ____.	Die Steigung der Geraden ist gleich …
Erläuterung	Bestimme den Zustand zum Zeitpunkt 0 (= Anfangswert).	Beachte: Fällt der Graph, so hat er eine negative Steigung! (Wenn er auf gleicher Höhe bleibt, hat er die Steigung 0.)	Suche dir eine Stelle, wo der Graph genau durch einen Punkt (ein Kreuz) geht. Folge nun dem Graphen mit dem Finger bis zu einem nächsten Punkt. Wie viele Kästchen bist du dabei nach rechts, wie viele Kästchen nach oben (unten) gegangen?	Du teilst die Kästchenzahl, die du nach oben (+) bzw. unten (-) gegangen bist, durch die Kästchenzahl, die du nach rechts gegangen bist.

Graphen, Texte und Tabellen

Selbstkontrolle zu S. 35/36

1. a)

Text A	Graph 2
Text C	Graph 1
Text D	Graph 3

c)

Wertetabelle 1	**Graph 2**
Wertetabelle 2	**Graph 3**
Wertetabelle 3	**Graph 1**

b)

	Der Graph schneidet die y-Achse bei ...	Der Graph ist ...	Wenn man auf der x-Achse um ___ Kästchen nach rechts geht,	steigt/fällt der Graph um ___ Kästchen	nach ___.	Die Steigung der Geraden beträgt ...
Graph ❶	$y = 1$	steigend	2	3	oben	$\frac{3}{2} = 1{,}5$
Graph ❷	$y = 8$	fallend	1	1	unten	-1
Graph ❸	$y = 0$	steigend	4	1	oben	$\frac{1}{4} = 0{,}25$

2. a)

	Der Graph schneidet die y-Achse bei ..., denn	Der Graph ist ..., weil ...	Wenn man auf der x-Achse um ___ Kästchen nach rechts geht,	steigt/fällt der Graph um ___ Kästchen	nach ___.	Die Steigung des Graphen beträgt ...
❶	$y = 0$, denn wenn man keinen Nektar kauft, zahlt man auch nichts.	steigend, weil man für mehr Nektar auch mehr bezahlt.	3	1	oben	$\frac{1}{3}$
❷	$y = 4$, denn wenn man nicht telefoniert, zahlt man trotzdem 4 €.	steigend, weil man für jede Minute telefonieren mehr bezahlt.	5	1	oben	$\frac{1}{5}$
❸	$y = 12$, denn zu Beginn ist die Kerze 12 cm hoch.	fallend, weil die Kerze abbrennt, d. h., die Höhe der Kerze nimmt ab.	1	3	unten	$-\frac{3}{1} = -3$

b)

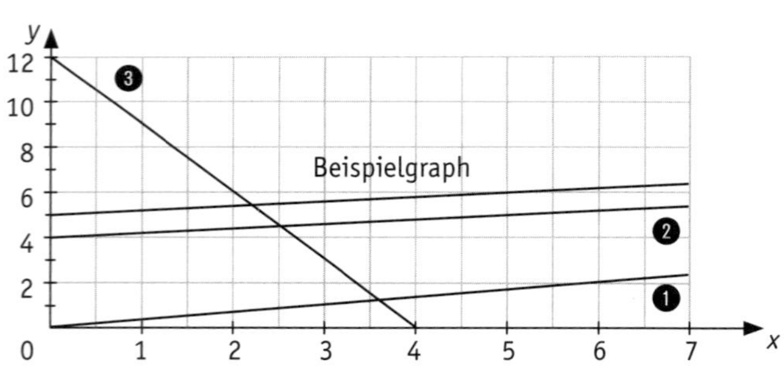

Graph und Funktionsgleichung

Selbstkontrolle zu S. 37

1. a) Die abgebildeten Graphen können durch eine Funktionsgleichung der Form $f(x) = m \cdot x + b$ beschrieben werden. Ist $x = 0$, folgt $f(x) = \underline{m \cdot 0 + b = 0 + b = b}$. Also gibt b immer den Wert an, bei dem der Graph die <u>y-Achse</u> schneidet. m gibt jeweils die <u>Steigung</u> an.

b)

	Der Graph schneidet die y-Achse bei ...,	Der Graph ist ...,	Wenn man auf der x-Achse um __ Kästchen nach rechts geht,	steigt/fällt der Graph um _____ Kästchen	nach ____.	Die Steigung m der Geraden beträgt ...	Die Funktionsgleichung $f(x) = mx + b$ lautet ...
Graph ❶	$b = 1$	steigend	2	3	oben	$m = +\frac{3}{2} = +1{,}5$	$g(x) = 1{,}5x + 1$
Graph ❷	$b = 8$	fallend	1	1	unten	$m = -1$	$h(x) = -1x + 8$
Graph ❸	$b = 0$	steigend	4	1	oben	$m = +\frac{1}{4} = +0{,}25$	$k(x) = 0{,}25x$

c) Gegeben sei die Funktionsgleichung: $f(x) = 2x + 1$. Den y-Achsenabschnitt kannst du leicht ablesen. Er ist in diesem Fall: $b = \underline{+1}$. Die Steigung beträgt $m = 2$, d. h., wenn du <u>1</u> Einheit (Kästchen) nach rechts gehst, sind es <u>2</u> Einheiten nach oben bis zum Graphen.

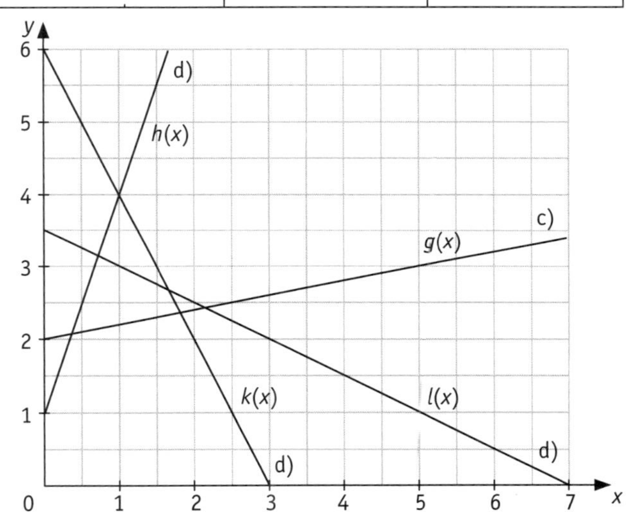

Proportionaler Dreisatz

Hilfekarte zu S. 38

Wann ist eine Zuordnung proportional?

Zum Doppelten (Dreifachen, Vierfachen ...) der einen Größe (x-Wert) gehört das Doppelte (das Dreifache, Vierfache ...) der anderen Größe (y-Wert). Genauso gilt: Zur Hälfte (zu einem Drittel, einem Viertel ...) der einen Größe gehört die Hälfte (Drittel, Viertel ...) der anderen Größe.

2 Beispiele:

1. Wenn ich doppelt so viel Text mit einem Füller schreibe, verbrauche ich doppelt so viel Tinte *(Je mehr, desto mehr – Je weniger, desto weniger)*.
2. Mara will Muffins für ihre Gebutstagsparty backen. Im Rezept steht, dass sie für 6 Muffins 90 g Zucker benötigt. Mara will 12 Freunde einladen und plant, dass sie für jeden 2 Muffins backen möchte. Antwort: Sie muss für 24 Muffins 360 g Zucker einplanen.

Dreisatzschema	
Anzahl Muffins	Zucker (in g)
6	90 g
: 6 → 1	15 g ← : 6
· 24 → 24	360 g ← · 24

Proportionaler Dreisatz

Selbstkontrolle zu S. 38

Zu **Text A**

Anzahl Meerschweinchen	Futterverbrauch pro Tag
2	60 g
1	30 g
5	*150 g*

Zu **Text C**

Anzahl Tomatenpflanzen	Gießwasser pro Tag
3	900 ml
1	*300 ml*
10	*3000 ml = 3 l*

Zu **Text E**

Minuten	Kosten
20	*2,40 €*
1	*0,12 €*
75	*9 €*

Zu **Text B**

So oder ähnlich könnte deine Ergänzung lauten:
Wenn er 9 Äpfel kauft, muss er 4,50 € bezahlen.

Zu **Text D**

So oder ähnlich könnte deine Ergänzung lauten:
Frau Dostal will 180 m² streichen, also braucht sie 9 Liter Farbe.

Wandfläche	Verbrauch an Farbe
50 m²	2,5 Liter
10 m²	*0,5 Liter*
180 m²	*9,0 Liter*

Zu **Text F**

So oder ähnlich könnte deine Ergänzung lauten:
Herr Vogt verbraucht auf einer 50-km-Strecke mit seinem Auto ca. 4,5 Liter Benzin. Fährt er 420 km, so verfährt er etwa 37,8 l.

Strecke	Benzinverbrauch
50 km	*4,5 l*
1 km	*0,09 l*
420 km	*37,8 l*

Proportional oder antiproportional?

Selbstkontrolle zu S. 40

1. a) Graph 1: proportional; mögliche Begründung: Pro Einheit (auf der x-Achse) erfolgt ein Anstieg um 2,5 Einheiten (auf der y-Achse).
Graph 2: antiproportional; mögliche Begründung: Verdoppelt (verdreifacht usw.) sich der x-Wert, so erfolgt eine Halbierung (Drittelung) des y-Wertes.
Graph 3: weder noch; mögliche Begründung: Die y-Werte sind für unterschiedliche x-Werte gleich.

b) Beispiele:
Zu Graph 1: Laura verdient Geld als Babysitterin. In einer Stunde verdient sie 2,50 €.
Zu Graph 2: Daniels Vater legt einen Gartenteich an. Für den Aushub braucht er 3 Stunden. Würde Daniel ihm helfen, würden sie nur 1,5 Stunden benötigen.
Zu Graph 3: Die Temperatur beträgt konstant 3 °C.

2. a) Antiproportional; mögliche Begründung: Dem x-Wert 2 wird der y-Wert 33,75 zugeordnet. Zum Vierfachen von 2 gehört ein Viertel von 33,75 usw.

b) Weder noch; zwar scheint es zunächst eine proportionale Zuordnung zu sein, aber dann müsste der 6 die 13,50 zugeordnet werden.

c) Proportional; mögliche Begründung: Dem x-Wert 10 wird der y-Wert 12,5 zugeordnet. Zum Doppelten von 10 gehört das Doppelte von 12,5 usw.

d) Proportional; mögliche Begründung: Einem Vielfachen von 1 wird immer das entsprechende Vielfache von 3 zugeordnet usw.

e) Proportional; mögliche Begründung: Einem Vielfachen von 10 wird immer das entsprechende Vielfache von 352 zugeordnet usw.

f) Antiproportional; mögliche Begründung: Beim Einsatz von vier Pumpen statt einer braucht man nur ein Viertel der Zeit.

g) Weder noch; mögliche Begründung: Für 10 Brötchen müsste das Doppelte wie für 5 bezahlt werden, man zahlt aber nicht das Doppelte (2,70 €), sondern nur 2,50 €.

h) Proportional; mögliche Begründung: Wenn man davon ausgeht, dass Nils fair ist, verlangt er von Janus für 3 DVDs das Dreifache des Einzelpreises.

Antiproportionaler Dreisatz

Hilfekarte zu S. 39

Wann ist eine Zuordnung antiproportional?

Zum Doppelten (Dreifachen, Vierfachen ...) der einen Größe (x-Wert) gehört die Hälfte (ein Drittel, ein Viertel ...) der anderen Größe (y-Wert).

und

Zur Hälfte (zu einem Drittel, einem Viertel ...) der einen Größe gehört das Doppelte (Dreifache, Vierfache ...) der anderen Größe.

Beispiel: Wenn ein Autofahrer eine bestimmte Strecke in der Hälfte der Zeit fahren will, dann muss er mit doppelter Geschwindigkeit fahren.

Dreisatzschema

Kevin und Jessica benötigen für die Autofahrt von der Firma nach Hause bei einer Durchschnittsgeschwindigkeit von 60 km/h normalerweise 30 Minuten. Heute wollen sie es in 20 Minuten schaffen.
Welche Durchschnittsgeschwindigkeit müssen sie dann fahren?

Dreisatzschema

	Fahrzeit	Geschwindigkeit	
	30 Min.	60 km/h	
: 30	1 Min.	1800 km/h	· 30
· 20	20 Min.	90 km/h	: 20

Sie müssen durchschnittlich 90 km/h fahren.

Selbstkontrolle zu S. 39

Zu **Text A**

Anzahl Meerschweinchen	Anzahl der Tage
2	15 Tage
1	30 Tage
5	*6 Tage*

Zu **Text B**

So oder ähnlich könnte deine Ergänzung lauten:
Anke und Thomas kommen helfen.

Anzahl der Arbeiter	Zeit
2	60 Minuten
1	120 Minuten
4	*30 Minuten*

Zu **Text C**

Tagesbudget	Ausreichend für ...
3 €	18 Tage
1 €	*54 Tage*
4,50 €	*12 Tage*

Zu **Text D**

So oder ähnlich könnte deine Ergänzung lauten:
Wie weit kommt er bei gleicher Tankfüllung, wenn er 12 l auf 100 km braucht.

Benzinverbrauch auf 100 km	Strecke
8 Liter	600 km
2 Liter	*2400 km*
12 Liter	*400 km*

Zu **Text E**

Fläche pro Fliese	Anzahl
1108,89 cm²	*127 Fliesen*
1 cm²	*140829,03 Fliesen*
1664,64 cm²	*84,6 Fliesen ≈ 85 Fliesen*

Zu **Text F**

So oder ähnlich könnte deine Antwort lauten:
Bäcker Müller verpackt Pralinen in Tüten. Wenn er 200-Gramm-Tüten packt, so reicht sein Pralinenvorrat für 25 Tüten. Er beschließt 125-Gramm-Tüten zu benutzen.

Inhalt in Gramm	Anzahl der Tüten
200 g	25 Tüten
1 g	*5000 Tüten*
125 g	*40 Tüten*

Name: ______________________ Klasse: __________ Datum: ______________

Hier kannst du überprüfen, ob sich dein Üben gelohnt hat.
Lies die Aufgaben genau durch und beantworte sie dann in Ruhe.
Du benötigst für einige Aufgaben ein zusätzliches Blatt.
Nach jeder (Teil-)Aufgabe kreuze an, wie du sie empfunden hast.

Die Aufgabe war: ☺ ☺ ☹ ☹

1. a) Die folgenden Bilder zeigen die Entwicklung einer Wasserlinse auf einem Teich. Entscheide jeweils, ob es sich um einen Funktionsgraphen handelt oder nicht. Begründe.

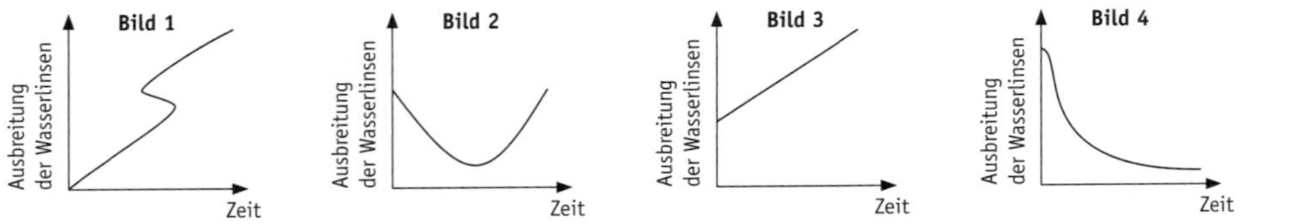

b) Ordne die folgenden Beschreibungen obigen Bildern richtig zu.

Zu Beginn bedecken die Wasserlinsen eine bestimmte Fläche. Diese wird schnell kleiner, und es scheint, als würden die Pflanzen fast ganz absterben.
Bild __

Zu Beginn bedecken die Wasserlinsen eine bestimmte Fläche. Im Laufe der Zeit wird die Fläche gleichmäßig größer.
Bild __

Die zu Beginn von Wasserlinsen bedeckte Fläche wird schnell kleiner. Plötzlich wird die Fläche in nahezu derselben Weise größer, wie sie zuvor kleiner geworden ist.
Bild __

2. Ordne die Graphen richtig zu.

Dreisatz:

Anzahl	Preis €
4	4,40
2	2,20
6	6,60

Graph Nr. __

Text:
Kevins Gartenteich ist wegen des warmen Sommers nur noch 12 cm hoch. Täglich sinkt der Wasserspiegel um 2 cm.

Graph Nr. __

Funktionsgleichung:
$f(x) = 0{,}25x - 2$

Graph Nr. __

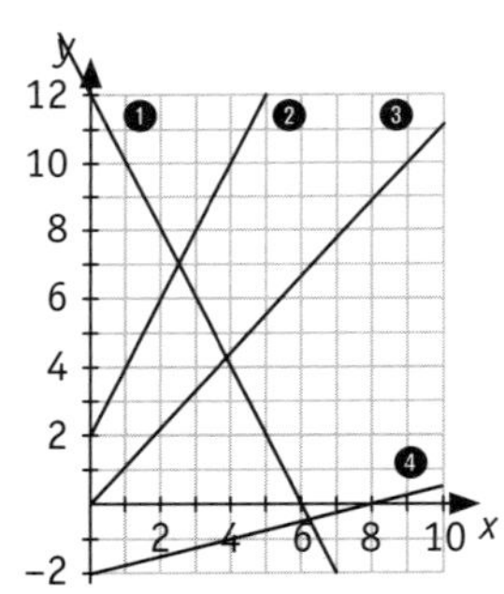

3. Notiere zu der Funktionsgleichung $f(x) = 0{,}5x$ einen Dreisatz oder eine Tabelle.

4. Notiere eine Funktionsgleichung zu folgendem Text:
Ein Wasserbecken ist mit 830 Litern Wasser gefüllt. Stündlich laufen 270 Liter ab.

5. Wenn du eine bestimmte Strecke gehen musst, dann hängt die Anzahl deiner Schritte davon ab, wie groß deine Schrittlänge ist. Ergänze die Tabelle.

Anzahl der Schritte	140	150	175	200	120	100
Schrittlänge	60 cm					

6. Handelt es sich um eine proportionale oder um eine antiproportionale Zuordnung?

a)

Anzahl	2	3	4	5
Tage	6,36	9,54	12,72	15,9

☐ proportional ☐ antiproportional

b)

Anzahl	2	3	4	5
Tage	6	4	3	2,4

☐ proportional ☐ antiproportional

LÖSUNGEN

1. a) Die folgenden Bilder zeigen die Entwicklung einer Wasserlinse auf einem Teich. Entscheide jeweils, ob es sich um einen **Funktions**graphen handelt oder nicht.

Bild 1

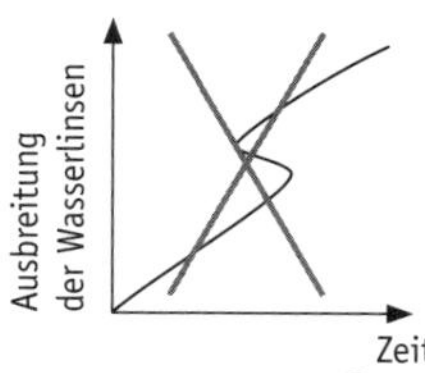

Bild 2

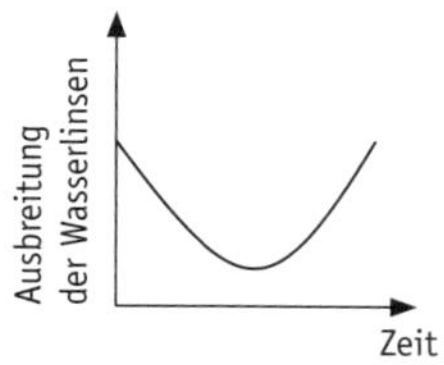

Bild 3

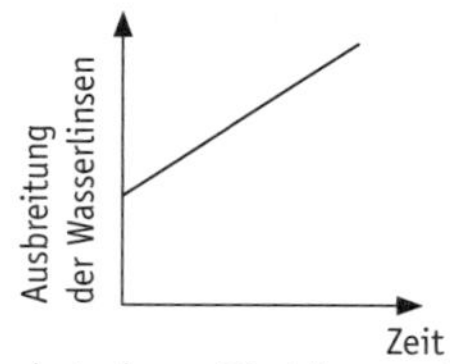

Bild 4

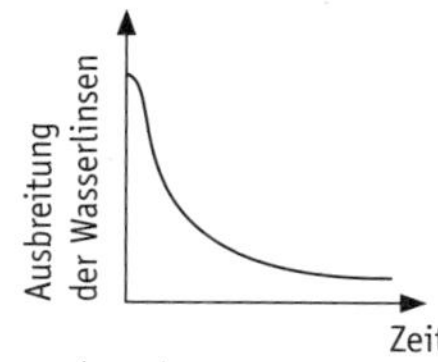

Begründung: *Bei den Graphen 2 bis 4 wird jedem Zeitpunkt eindeutig ein Ausbreitungswert zugeordnet.*

b) Ordne die folgenden Beschreibungen obigen Bildern richtig zu.

Zu Beginn bedecken die Wasserlinsen eine bestimmte Fläche. Diese wird schnell kleiner, und es scheint, als würden die Pflanzen fast ganz absterben.
Bild *4*

Zu Beginn bedecken die Wasserlinsen eine bestimmte Fläche. Im Laufe der Zeit wird die Fläche gleichmäßig größer.
Bild *3*

Die zu Beginn von Wasserlinsen bedeckte Fläche wird schnell kleiner. Plötzlich wird die Fläche in nahezu derselben Weise größer, wie sie zuvor kleiner geworden ist.
Bild *2*

2. Ordne die Graphen richtig zu.

Dreisatz:

Anzahl	Preis €
4	4,40
2	2,20
6	6,60

Graph Nr. *3*

Text:
Kevins Gartenteich ist wegen des warmen Sommers nur noch 12 cm hoch. Täglich sinkt der Wasserspiegel um 2 cm.

Graph Nr. *1*

Funktionsgleichung:
$f(x) = 0{,}25x - 2$

Graph Nr. *4*

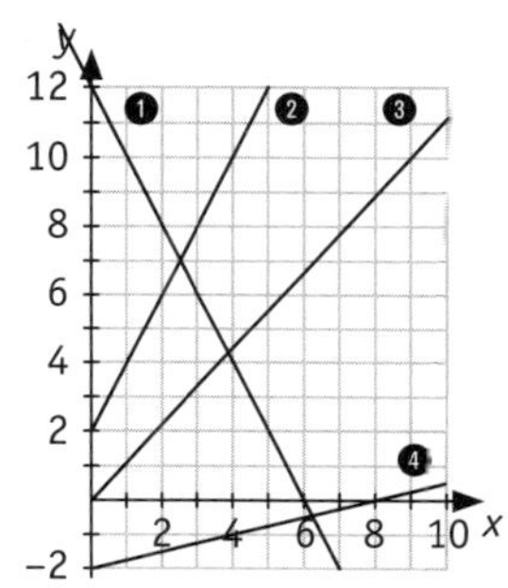

3. Notiere zu der Funktionsgleichung $f(x) = 0{,}5x$ einen Dreisatz oder eine Tabelle.

Zeit (h)	Strecke (km)
3	1,5
1	0,5
5	2,5

oder

x	*0*	*1*	*2*	*3*	*4*
$f(x)$	*0*	*0,5*	*1*	*1,5*	*2,0*

4. Notiere eine Funktionsgleichung zu folgendem Text:
Ein Wasserbecken ist mit 830 Litern Wasser gefüllt. Stündlich laufen 270 Liter ab.
$f(x) = -270x + 830$

5. Wenn du eine bestimmte Strecke gehen musst, dann hängt die Anzahl deiner Schritte davon ab, wie groß deine Schrittlänge ist. Ergänze die Tabelle.

Anzahl der Schritte	140	150	175	200	120	100
Schrittlänge	60 cm	*56 cm*	*48 cm*	*42 cm*	*70 cm*	*84 cm*

6. Handelt es sich um eine proportionale oder um eine antiproportionale Zuordnung?

a)

Anzahl	2	3	4	5
Tage	6,36	9,54	12,72	15,9

☒ proportional ☐ antiproportional

b)

Anzahl	2	3	4	5
Tage	6	4	3	2,4

☐ proportional ☒ antiproportional

Name: ______________________ Klasse: __________ Datum: ______________

Die Aufgabe war:	☺	☺	☹	☹
1. a)				
1. b)				
1. c)				
2. a)				
2. b)				

Lies die Aufgaben genau durch und beantworte sie dann in Ruhe.
Du benötigst für einige Aufgaben ein zusätzliches Blatt.
Nach jeder (Teil-)Aufgabe kreuze an, wie du sie empfunden hast.

1. Sieben Schülerinnen und Schüler der Klasse 7.1 vergleichen ihr monatliches Taschengeld:
Tim 8 €, Anja 12,50 €, Aydin 20 €, Luca 18 €, Sven 12,50 €, Enise 12 €, Nele 15 €.

a) Erstelle eine Rangliste: ______________________________.

Das wenigste Taschengeld bekommt ______________, das meiste ___________.

b) Bestimme das Minimum ____________, das Maximum ____________, die Spannweite ____________, den Median (Zentralwert) ____________ und den Mittelwert (arithmetisches Mittel) ______________________.

c) In der gesamten Klasse 7.2 wird eine Erhebung zum Taschengeld durchgeführt und eine Strichliste dazu angelegt. Ergänze die absoluten Häufigkeiten.

Taschengeldhöhe	8 €	10 €	12 €	12,50 €	15 €	18 €	22 €
gezählt	||	𝍸 𝍸	𝍸 ||	𝍸 |	|||	|	|
absolute Häufigkeiten							

und berechne den Mittelwert ______________________________

2. Svenja würfelt 200-mal.

a) Ergänze die relativen Häufigkeiten in der Tabelle in Prozent. Lies dazu Svenjas Würfelergebnisse aus dem Diagramm ab.

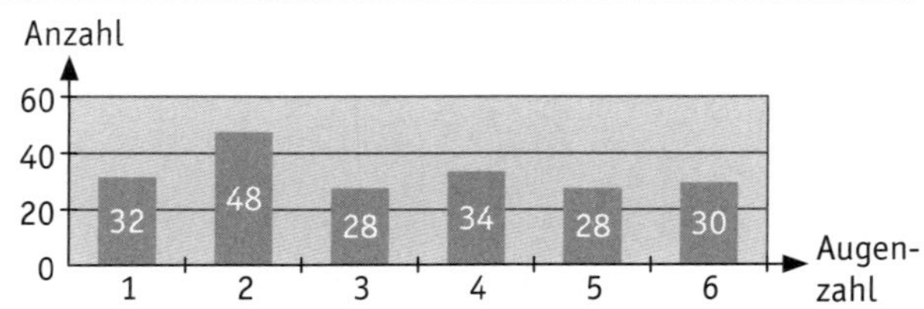

Augenzahl	1	2	3	4	5	6
relative Häufigkeit						

b) Ist der Würfel ein fairer Würfel? Begründe.

3. Mona würfelt mit einem normalen Würfel, Norman mit einem Spezialwürfel. Bestimme die Wahrscheinlichkeiten.

	Wahrscheinlichkeit des Ereignisses für den Würfel von	
Ereignis	Mona 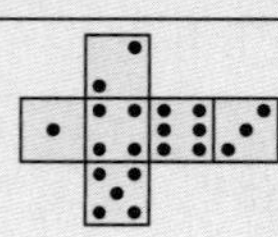	Norman 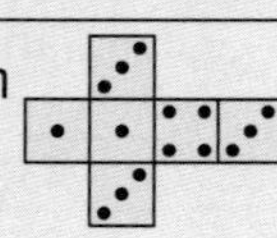
Würfeln einer „3“		
Würfeln einer ungeraden Zahl		
Würfeln einer Zahl größer oder gleich 5		

1. Sieben Schülerinnen und Schüler der Klasse 7.1 vergleichen ihr monatliches Taschengeld:
Tim 8 €, Anja 12,50 €, Aydin 20 €, Luca 18 €, Sven 12,50 €, Enise 12 €, Nele 15 €.

a) Erstelle eine Rangliste: *8 €; 12 €; 12,50 €; 12,50 €; 15 €; 18 €; 20 €.*.
Das wenigste Taschengeld bekommt *Tim*, das meiste *Aydin*.

b) Bestimme das Minimum *8 €*, das Maximum *20 €*, die Spannweite *12 €*, den Median (Zentralwert) *12,50 €* und den Mittelwert (arithmetisches Mittel) *14 €*.

c) In der gesamten Klasse 7.2 wird eine Erhebung zum Taschengeld durchgeführt und eire Strichliste dazu angelegt. Ergänze die absoluten Häufigkeiten.

Taschengeldhöhe	8 €	10 €	12 €	12,50 €	15 €	18 €	22 €
gezählt	II	𝍸 𝍸	𝍸 II	𝍸 I	III	I	I
absolute Häufigkeiten	*2*	*10*	*7*	*6*	*3*	*1*	*1*

und berechne den Mittelwert

$$\frac{2 \cdot 8 + 10 \cdot 10 + 7 \cdot 12 + 6 \cdot 12{,}50 + 3 \cdot 15 + 1 \cdot 18 + 1 \cdot 22}{30\ €} = \frac{360}{30}\ € = 12\ €.$$

2. Svenja würfelt 200-mal.

a) Ergänze die relativen Häufigkeiten in der Tabelle in Prozent. Lies dazu Svenjas Würfelergebnisse aus dem Diagramm ab.

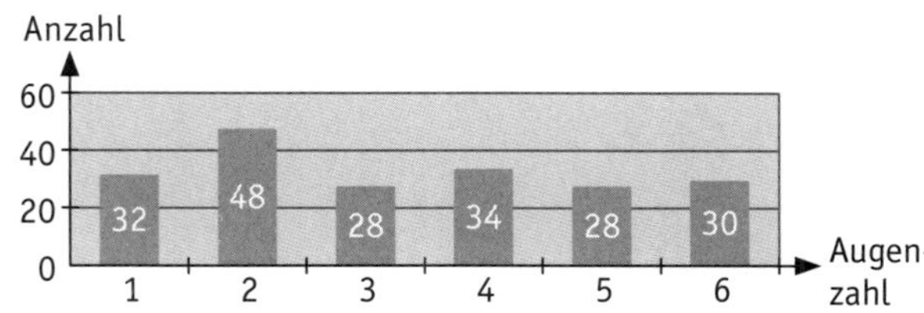

Augenzahl	1	2	3	4	5	6
relative Häufigkeit	$\frac{32}{200} = 16\,\%$	$\frac{48}{200} = 24\,\%$	$\frac{28}{200} = 14\,\%$	$\frac{34}{200} = 17\,\%$	$\frac{28}{200} = 14\,\%$	$\frac{30}{200} = 15\,\%$

b) Ist der Würfel ein fairer Würfel? Begründe.
Es handelt sich vermutlich (da nur 200 Würfe) nicht um einen fairen Würfel, weil die absoluten bzw. relativen Häufigkeiten sehr stark voneinander abweichen. Die Werte müssten bei einem fairen Würfel ungefähr identisch sein (ca. 16,7 %).

3. Mona würfelt mit einem normalen Würfel, Norman mit einem Spezialwürfel.
Bestimme die Wahrscheinlichkeiten.

	Wahrscheinlichkeit des Ereignisses für den Würfel von	
Ereignis	Mona 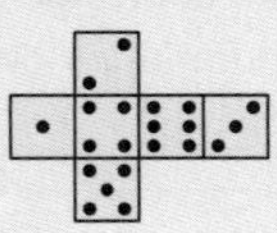	Norman 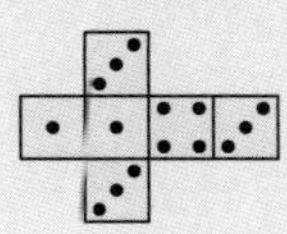
Würfeln einer „3“	$\frac{1}{6} \approx 16{,}7\,\%$	$\frac{3}{6} = \frac{1}{2} = 50\,\%$
Würfeln einer ungeraden Zahl	$\frac{3}{6} = \frac{1}{2} = 50\,\%$	$\frac{5}{6} \approx 83{,}3\,\%$
Würfeln einer Zahl größer oder gleich 5	$\frac{2}{6} = \frac{1}{3} \approx 33{,}3\,\%$	$\frac{0}{6} = 0\,\%$

KOMMENTARE UND FÖRDEREMPFEHLUNGEN

Aufgabentyp	Beispiele für mögliche Fehler und Fehlvorstellungen	Förderempfehlungen
Bestimmung der Kennwerte (Minimum, Maximum, Spannweite, Median, Mittelwert) und der absoluten Häufigkeit *(Aufgabe 1)*	Keine oder falsche Lösung(en) wegen unklarer oder nicht bekannter Begriffe Rangliste wird nicht oder falsch erstellt, als Folge werden Kennwerte falsch abgelesen, *z. B. mittlerer Wert als Median, ohne dass eine Rangliste erstellt wurde.* Absolute Häufigkeiten aus der Strichliste falsch abgelesen Bei der Mittelwertberechnung wurde z. B. • die Division durch die Gesamtzahl der Daten vergessen $2 \cdot 8 + 10 \cdot 10 + 7 \cdot 12 + 6 \cdot 12{,}5 + 2 \cdot 15 + 2 \cdot 18 + 1 \cdot 22 = 360$ f • die Häufigkeit des Auftretens der einzelnen Werte nicht berücksichtigt $\frac{8 + 10 + 12 + 15 + 18 + 22 + 25 + 35}{8} = \frac{145}{8} \approx 18{,}13$ f	• Wiederholung der Begrifflichkeiten (Minimum, Maximum, Spannweite, Median, Mittelwert, absolute Häufigkeit), • Erstellung von Strichlisten zur Ermittlung absoluter Häufigkeiten, • Fördermaterial „Daten auswerten I“ (S. 51), • Fördermaterial „Aus Fehlern lernen: Daten auswerten I“ (S. 52), • Fördermaterial „Daten auswerten II“ (S. 56), • evtl. auch Fördermaterial „Aus Fehlern lernen I und II“ aus Heft 5/6 (S. 60, 61)
Berechnung der relativen Häufigkeit in Prozent *(Aufgabe 2a)*	Keine oder falsche Lösung(en) wegen unklarem oder nicht bekanntem Begriff, *z. B. bei Augenzahl „1“ 32* f *oder auch 32 %* f Fehlerhafte Berechnung des Prozentsatzes, *z. B. 0,16 % bei Augenzahl „1“* f Zur Berechnung erforderliche Werte aus dem Diagramm falsch abgelesen	• Wiederholung der Begriffe (absolute/relative Häufigkeit), • Fördermaterial „Relative Häufigkeit“ (S. 54/55), • Fördermaterial „Daten auswerten II“ (S. 56), • Fördermaterial zur Prozentrechnung (S. 21 - 25), • evtl. Fördermaterial „Schaubilder und Diagramme“ aus Heft 5/6 (S. 57)
Vorstellung von Laplace- bzw. Gleichwahrscheinlichkeit *(Aufgabe 2b)*	Keine oder falsche Antwort, da z. B. • die Definition des Begriffs „fair“ nicht klar ist, • der Einschätzung falsche Berechnungen der Wahrscheinlichkeiten zugrunde liegen, • der geringe Stichprobenumfang nicht berücksichtigt wurde.	• Wiederholung „statistische“/„theoretische“/„Laplace-Wahrscheinlichkeit“, • Fördermaterial „Wahrscheinlichkeit“ (S. 57), • Fördermaterial „Würfel und Co: Fair oder nicht?“ (S. 60)
Berechnung und Vergleich von Wahrscheinlichkeiten *(Aufgabe 3)*	Anzahl der günstigen Ereignisse nicht richtig bestimmt, *z. B. werden bei Normas Würfel 4 Fälle als ungerade Zahlen betrachtet* f Benutzen einer falschen Formel, *z. B. Wahrscheinlichkeit für eine ungerade Zahl* $\frac{\text{Anzahl der günstigen Ereignisse}}{\text{Anzahl der ungünstigen Ereignisse}} = \frac{3}{3}$ f	• Wiederholung/Training zur Berechnung von Wahrscheinlichkeiten, • Fördermaterial „Wahrscheinlichkeit“ (S. 57), • Fördermaterial „Würfel und Co: Fair oder nicht?“ (S. 60), • Fördermaterial „Wahrscheinlichkeiten vergleichen“ (S. 61)

Daten auswerten I

Auch für Partnerarbeit geeignet.

1. Hannas Freunde haben folgende Körpergrößen

Anne	Benny	Cora	Daniel	Ersin	Fine	Georg
152 cm	148 cm	156 cm	160 cm	154 cm	147 cm	154 cm

a) Wenn sich Hannas Freunde der Größe nach in eine Reihe stellen – vom kleinsten bis zum größten – entsteht eine **Rangliste.** Ergänze.

147 cm ______ ______ ______ ______ ______ ______

b) Der kleinste Wert in der Rangliste heißt **Minimum.** Umkreise ihn in der Rangliste und schreibe „Minimum" darüber.

Das **Maximum** ist der ______ Wert in der Rangliste. Umkreise auch ihn und schreibe „Maximum" darüber.

Der **Median** (auch Zentralwert genannt) steht genau in der ______ der Rangliste.

Umkreise ihn und notiere den Begriff dazu.

c) Der **Mittelwert** gibt an, wie groß die Freunde durchschnittlich sind. Er wird auch Durchschnitt oder arithmetisches Mittel genannt. Berechne.

$$\textit{Mittelwert} = \frac{\textit{Summe aller Werte}}{\textit{Anzahl der Werte}} = \frac{147 + \qquad\qquad\qquad}{7} =$$

Hannas Freunde sind also durchschnittlich ______ cm groß.

d) Hanna hatte bei der Bestimmung der Werte ihre eigene Körpergröße (145 cm) vergessen.

Sie beginnt noch einmal mit der **Rangliste.**

______ ______ ______ ______ ______ ______ ______ ______

und liest das **Minimum** ______ und das **Maximum** ______ ab.

Den **Median** kann sie nicht sofort ablesen, denn ______________________.

In diesem Fall muss Hanna den Mittelwert der beiden Werte berechnen:

$$\textit{Median} = \frac{\textit{Summe der beiden mittleren Werte}}{2} = \frac{\qquad + \qquad}{2} = \underline{\qquad\qquad}.$$

Der Median beträgt also ______.

Zum Schluss berechnet Hanna die durchschnittliche Körpergröße: ______________________.

Aus Fehlern lernen: Daten auswerten I

Selbstkontrolle auf S. 53

Die Fehlerkarten beziehen sich auf folgende Situation. Birsel hat durch eine Umfrage herausgefunden, wie viele Bücher ihre Freunde im letzten Jahr gelesen haben: Fatma 7 Bücher, Fritz 15 Bücher, Jonas 1 Buch, Canan 5 Bücher, Ludmila 12 Bücher, Milad 25 Bücher, Nina 9 Bücher, Johann 18 Bücher.

Fehlerkarte (1)
Erstelle eine Rangliste.
Die Aufgabe wurde falsch gelöst.
7, 15, 1, 5, 12, 25, 9, 18 ↯
Löse richtig:

Was wurde falsch gemacht?

Fehlerkarte (2)
Bestimme die Spannweite der Erhebung.
Die Aufgabe wurde falsch gelöst.
w = 18 – 1 = 17 ↯
Löse richtig:

Was wurde falsch gemacht?

Fehlerkarte (3)
Bestimme den Median (Zentralwert) und den Mittelwert (arithmetisches Mittel).
Die Aufgabe wurde falsch gelöst.
Median: 12 ↯
Mittelwert:
7 + 15 + 1 + 5 + 12 + 25 + 9 + 18 = 92 ↯
Löse richtig:

Was wurde falsch gemacht?

Fehlerkarte (4)
Würdest du den Median oder den Mittelwert betrachten, um die gelesene Bücheranzahl besser einzuschätzen?
Die Aufgabe wurde falsch gelöst.
Da der Mittelwert die Mitte einer Erhebung darstellt, ist dieser immer geeigneter. ↯
Löse richtig:

Was wurde falsch gemacht?

Fehlerkarte (5)
Wie groß sind der Median und der Mittelwert, wenn Birsel ihre im letzten Jahr gelesenen 12 Bücher mitberücksichtigt? Die Aufgabe wurde falsch gelöst.

Median: $\frac{9 + 12}{2} = 10{,}5$ ↯

Mittelwert: $\frac{1 + 5 + 7 + 9 + 12 + 12 + 15 + 18 + 25}{8} = 13$ ↯

Löse richtig:

Was wurde falsch gemacht?

Aus Fehlern lernen: Daten auswerten I

Selbstkontrolle zu S. 52

Fehlerkarte (1)
Erstelle eine Rangliste.
Die Aufgabe wurde falsch gelöst.
7, 15, 1, 5, 12, 25, 9, 18 *f*
Löse richtig: **1, 5, 7, 9, 12, 15, 18, 25**

Was wurde falsch gemacht?
So ähnlich könnte deine Antwort lauten:
Hier wurden einfach die Werte aus der Erhebung übernommen, ohne sie in eine richtige Reihenfolge zu bringen.

Fehlerkarte (2)
Bestimme die Spannweite der Erhebung.
Die Aufgabe wurde falsch gelöst.
$w = 18 - 1 = 17$ *f*
Löse richtig: **Max = 25 und Min = 1**
$w = Max - Min = 25 - 1 = 24$

Was wurde falsch gemacht?
So ähnlich könnte deine Antwort lauten:
Vermutlich wurde aus der falschen Rangliste irrtümlicherweise als größter Wert 18 abgelesen. Das Maximum ist aber 25 und somit w = 24. (Dies ist eine sehr große Spannweite!)

Fehlerkarte (3)
Bestimme den Median (Zentralwert) und den Mittelwert (arithmetisches Mittel).
Die Aufgabe wurde falsch gelöst.
Median: 12 *f*
Mittelwert: $7 + 15 + 1 + 5 + 12 + 25 + 9 + 18 = 92$ *f*
Löse richtig: $\frac{9 + 12}{2} = 10{,}5$ **und**
$\frac{7 + 15 + 1 + 5 + 12 + 25 + 9 + 18}{8} = \frac{92}{8} = 11{,}5$

Was wurde falsch gemacht?
So ähnlich könnte deine Antwort lauten:
Zum Median: Da es sich um eine gerade Anzahl von Daten handelt, erhält man den Median, indem man die beiden Werte in der Mitte addiert und dann durch zwei teilt.
Zum Mittelwert: Hier wurde vergessen, durch die Anzahl aller Daten zu teilen.

Fehlerkarte (4)
Würdest du den Median oder den Mittelwert betrachten, um die gelesene Bücheranzahl besser einzuschätzen? Die Aufgabe wurde falsch gelöst. Da der Mittelwert die Mitte einer Erhebung darstellt, ist dieser immer geeigneter. *f*
Löse richtig: **Bei dieser Erhebung ist sowohl der Median als auch der Mittelwert geeignet.**

Was wurde falsch gemacht?
So ähnlich könnte deine Antwort lauten:
Der Mittelwert ist nicht die Mitte einer Erhebung; außerdem kann ohne weitere Informationen nicht entschieden werden, welcher der beiden Werte geeigneter ist.

Anmerkung: Grundsätzlich ist es von der Streuung der Daten in der Erhebung abhängig. Große Ausreißer können z. B. dazu führen, dass der Median geeigneter ist, da sich Ausreißer nicht auf den Median auswirken. Hätte Milad zum Beispiel 100 statt 25 Bücher gelesen, wäre der Median geeigneter, da der Mittelwert dann auf ca. 21 Bücher steigen würde und damit höher wäre als alle anderen Angaben außer Milads.

Fehlerkarte (5)
Wie groß sind der Median und der Mittelwert, wenn Birsel ihre im letzten Jahr gelesenen 12 Bücher mitberücksichtigt? Die Aufgabe wurde falsch gelöst.

Median: $\frac{9 + 12}{2} = 10{,}5$ *f*
Mittelwert:
$\frac{1 + 5 + 7 + 9 + 12 + 12 + 15 + 18 + 25}{8} = 13$ *f*
Löse richtig:
Median: 12; Mittelwert: $\frac{104}{9} \approx 11{,}6$

Was wurde falsch gemacht?
So ähnlich könnte deine Antwort lauten:
Durch Hinzunahme eines weiteren Wertes (12) wurde die Anzahl der Daten ungerade (die Rangliste ändert sich). Jetzt liegt der Median genau in der Mitte. Hier wurde vermutlich angenommen, dass sich am Median nichts ändert. Beim Mittelwert wurde zwar der neue Wert mitaufgenommen, aber vergessen, statt durch 8 nun durch 9 zu teilen (da es jetzt 9 Daten gibt).

Relative Häufigkeit

Hilfekarten und Selbstkontrolle auf S. 58

Auch für 2 Lernpartner geeignet

1. Die Diagramme zeigen jeweils die Verteilung der Körpergrößen in einer Klasse. Kreuze an, ob die Aussage richtig oder falsch ist und begründe.

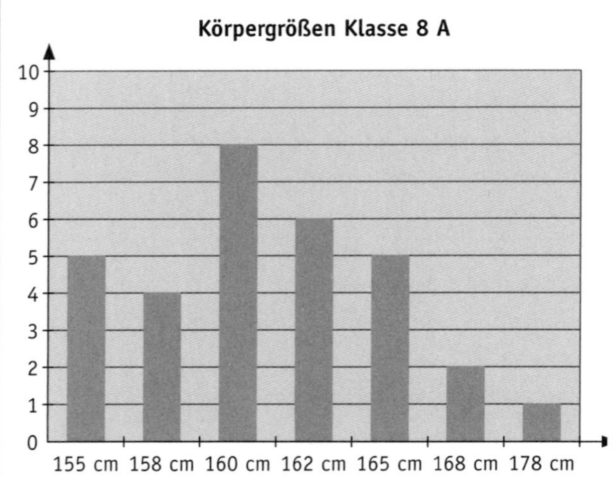

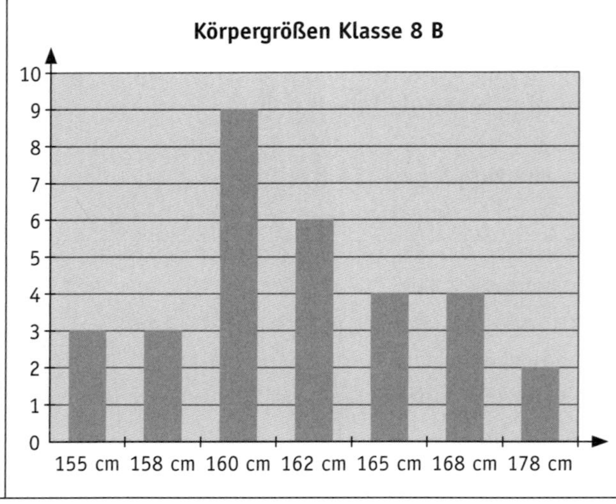

	Aussage	
a)	Beide Klassen haben dieselbe Anzahl von Schülerinnen und Schülern.	☐ richtig ☐ falsch, denn
b)	Die absolute Häufigkeit von „160 cm" ist in beiden Klassen gleich.	☐ richtig ☐ falsch, denn
c)	Die relative Häufigkeit ist dasselbe wie die absolute Häufigkeit.	☐ richtig ☐ falsch, denn
d)	Die relative Häufigkeit von „158 cm" in Klasse 8 A ist gleich $\frac{4}{30}$.	☐ richtig ☐ falsch, denn
e)	Die relative Häufigkeit von „158 cm" in Klasse 8 B beträgt $\frac{4}{31}$.	☐ richtig ☐ falsch, denn
f)	Die relative Häufigkeit von „mindestens 162 cm" in Klasse 8 A beträgt $\frac{14}{31}$.	☐ richtig ☐ falsch, denn
g)	In Klasse 8 B entsprechen 31 Schüler 100 %.	☐ richtig ☐ falsch, denn
h)	Die relative Häufigkeit von „155 cm" ist in Klasse 8 B ungefähr 10 %.	☐ richtig ☐ falsch, denn

Relative Häufigkeit

Hilfekarten auf S. 58

2. In vielen Ländern werden sogenannte „Rote Listen" erstellt, die die bedrohten oder gefährdeten Tierarten des jeweiligen Landes auflisten. Auch die Schweiz hat solche Daten erfasst:

Artengruppe	Anzahl gesamt	Anzahl der ausgestorbenen oder gefährdeten Arten	Relative Häufigkeit, also Anteil der ausgestorbenen oder gefährdeten Arten an der Gesamtzahl der jeweiligen Art
Weichtiere	270	89	
Fische und Rundmäuler	55	32	
Amphibien	20	14	
Reptilien	19	15	
Brutvögel	195	76	
Säugetiere	82	30	

(Quelle: Statistik Schweiz)

a) Berechne die relativen Häufigkeiten als Bruch- und als Dezimalzahl.

b) Welches ist die am meisten, welches die am wenigsten bedrohte Artengruppe? An welchen Zahlen erkennst du das am besten?

3. Ergänze die folgenden Tabellen. Berechne dazu mithilfe deines Taschenrechners

a) die relativen Häufigkeiten in Prozent,

Alter	unter 6 Jahren	6 bis < 18	18 bis < 45	45 bis < 60	> 60
absolute Häufigkeit	2031	4179	10805	6603	8655
relative Häufigkeit	6,29 %				

Düsseldorf, Stadtbezirk 5 – gesamt 32273 Einwohner

b) die absoluten Häufigkeiten,

Alter	unter 6 Jahren	6 bis < 18	18 bis < 45	45 bis < 60	> 60
absolute Häufigkeit					
relative Häufigkeit	5,14 %	10,92 %	35,12 %	21,23 %	27,59 %

Düsseldorf, Stadtbezirk 8 – gesamt: 56501 Einwohner

c) die fehlenden Werte.

Alter	unter 6 Jahren	6 bis < 18	18 bis < 45	45 bis < 60	> 60
absolute Häufigkeit	2253	4963			12086
relative Häufigkeit	5,11 %		34,41 %	21,82 %	

Düsseldorf, Stadtbezirk 7

(Quelle: Landeshauptstadt Düsseldorf – Amt für Statistik und Wahlen 12/2007)

Selbstkontrolle ungeordnet (zu den Aufgaben 2 a) und 3, teilweise gerundet):

$\frac{14}{20}$; $\frac{15}{19}$; $\frac{30}{82}$; $\frac{32}{55}$; $\frac{76}{195}$; $\frac{89}{270}$; 0,33; 0,37; 0,39; 0,58; 0,7; 0,79; 11,26 %; 12,95 %; 20,46 %; 26,82 %; 27,41 %; 33,48 %; 2904; 6170; 9620; 11995; 15589; 15171; 19843

Daten auswerten II

Selbstkontrolle auf S. 62

1. Valerie hat einige Wochen lang aufgeschrieben, wie viel Geld sie pro Tag in der Cafeteria bzw. Mensa ihrer Schule ausgegeben hat. Ihr kleiner Bruder Max hat ihre Liste als Malunterlage verwendet. Das sah dann ungefähr so aus.
Valeries Vater betrachtet den Schaden und behauptet dann, dass sie die Liste wieder vervollständigen kann. Außerdem behauptet er, dass sie bei der Berechnung des Mittelwertes einen Fehler gemacht hat. Hat Valeries Vater recht? Hier siehst du, was Valerie noch entziffern konnte. Ergänze.

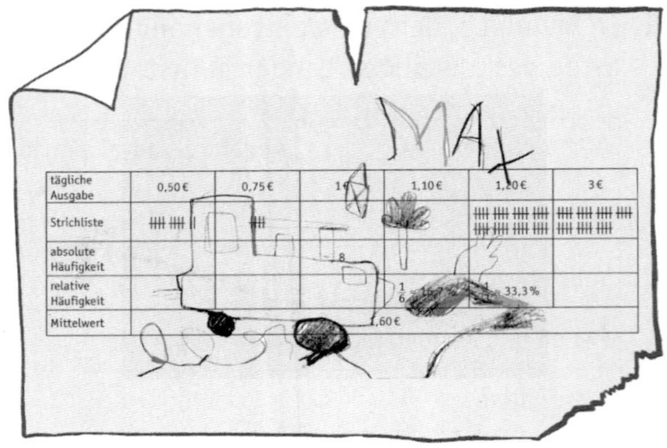

tägliche Ausgabe	0,50 €	0,75 €	1 €	1,10 €	1,20 €	3 €
Strichliste	𝍸 𝍸 ||	𝍸			𝍸 𝍸 𝍸 𝍸 𝍸 𝍸 𝍸 𝍸	𝍸 𝍸 𝍸 𝍸 𝍸 𝍸 𝍸
absolute Häufigkeit			8			
relative Häufigkeit				$\frac{1}{6} \approx 16{,}7\,\%$	$\frac{1}{3} \approx 33{,}3\,\%$	
Mittelwert	1,60 €					

2. Die Schülerinnen und Schüler der Klasse 8b haben sich gewogen. Die Daten der Urliste lauten:

Schüler/in	1	2	3	4	5	6	7	8	9	10	11	12	13	14
kg	67	52	60	54	60	63	71	67	68	71	63	56	75	56

Schüler/in	15	16	17	18	19	20	21	22	23	24	25	26	27	28
kg	79	71	56	76	51	49	71	51	54	60	71	67	58	67

a) Bestimme das Maximum und das Minimum.

b) Bestimme den Median und berechne das durchschnittliche Gewicht.
Was fällt dir auf?

c) Berechne die relative Häufigkeit für ein Gewicht von 60 bis 69 kg.

d) Stimmt es, dass 21,4 % der Schüler weniger als 55 kg wiegen? Begründe.

e) Vervollständige das Säulendiagramm.

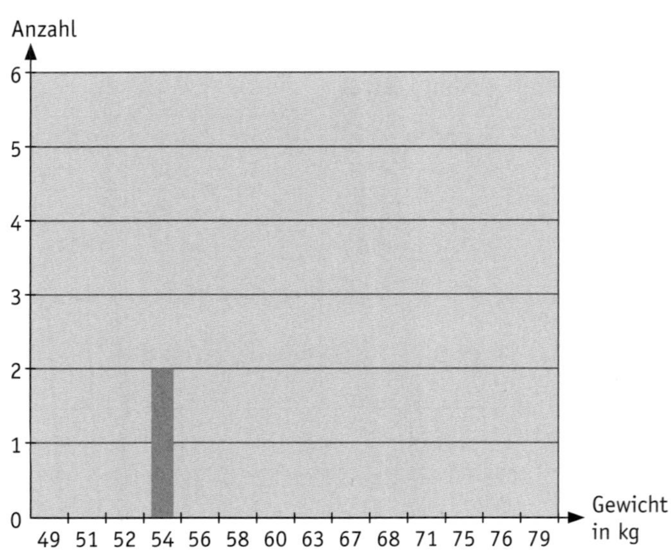

Wahrscheinlichkeit

Selbstkontrolle auf S. 58, Hilfekarten auf S. 59

Auch für 2 Lernpartner geeignet.

1. Andreas und Kim haben ein Glas mit 20 roten, 5 grünen, 8 gelben und 7 braunen Bonbons geschenkt bekommen. Sie stellen verschiedene Überlegungen zum zufälligen Ziehen von Bonbons aus dem Glas an, die aber nicht alle richtig sind.

a) Die Wahrscheinlichkeit, ein rotes Bonbon zu ziehen, ist größer als die Wahrscheinlichkeit, ein andersfarbiges Bonbon zu ziehen.
b) Die Wahrscheinlichkeit, ein braunes Bonbon zu ziehen, ist gleich $\frac{7}{33}$.
c) Wenn ich fünf rote Bonbons aus dem Glas entferne, ändern sich alle Wahrscheinlichkeiten.
d) Da mehr rote als andersfarbige Bonbons in dem Glas sind, zieht man fast immer ein rotes.
e) Wenn ich 1 braunes Bonbon mehr ins Glas lege, dann ist die Wahrscheinlichkeit, ein braunes zu ziehen, gleich $\frac{8}{40}$.
f) Die Wahrscheinlichkeit, ein grünes oder ein gelbes Bonbon zu ziehen, ist gleich $\frac{13}{40}$.

Fülle die Fehlerkärtchen aus.

Fehlerkarte zu _____ Das ist falsch:	So ist es richtig:	Fehlerkarte zu _____ Das ist falsch:	So ist es richtig:
Fehlerkarte zu _____ Das ist falsch:	So ist es richtig:	Fehlerkarte zu _____ Das ist falsch:	So ist es richtig:

2. Lena und Luca haben ein Glücksrad gebastelt.

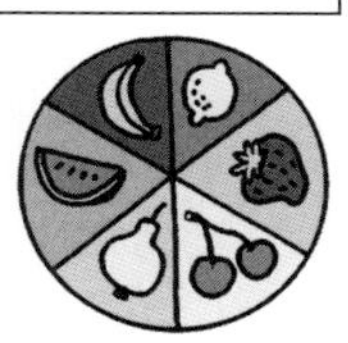

a) Die Wahrscheinlichkeit bei einmaligem Drehen beträgt für das Ereignis

„Zitrone" ________, „Banane" _________, „Zitrone oder Banane" _________.

b) Lena und Luca drehen das Rad 1200-mal mit den folgenden Ergebnissen. Ergänze die relativen Häufigkeiten in Dezimalschreibweise.

	Zitrone	Erdbeere	Kirsche	Birne	Melone	Banane
gezählt (absolute Häuf.)	208	195	191	201	220	185
relative Häufigkeit						

c) Die Wahrscheinlichkeit, die sich aus der relativen Häufigkeit ergibt, ist für das Ereignis

„Zitrone" ________, „Banane" _________, „Zitrone oder Banane" _________.

d) Die Abweichungen der Wahrscheinlichkeiten von Aufgabe a) zu denen in Aufgabe c) können so erklärt werden: ____

____

____

____.

Relative Häufigkeit

Hilfekarten zu den Seiten 54 und 55

Absolute Häufigkeit

Beispiel:
320 Personen wurden gefragt, ob sie täglich das Internet nutzen. 210 antworteten mit „ja".

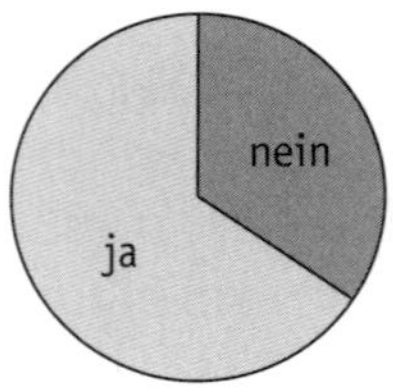

Der **Stichprobenumfang** beträgt im Beispiel *320 Personen.*

Das **Ereignis** ist *Die befragte Person nutzt täglich das Internet.*

Die **absolute Häufigkeit** des Ereignisses gibt die Anzahl der Fälle an, in denen das Ereignis eintritt, im Beispiel *210.*

Es gibt verschiedene Möglichkeiten zur Veranschaulichung, z. B. mit einem Säulendiagramm

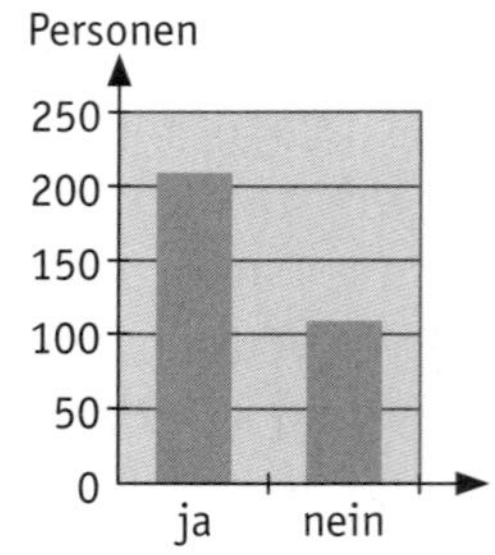

oder einem Blockdiagramm.

Relative Häufigkeit

Beispiel:
320 Personen wurden gefragt, ob sie täglich das Internet nutzen. 210 antworteten mit „ja".

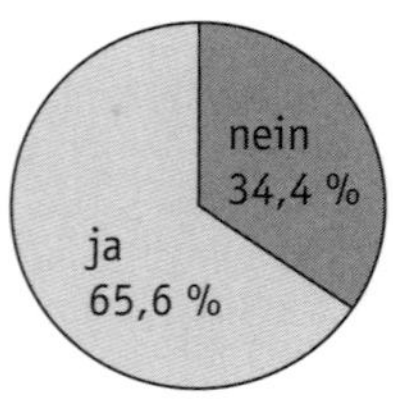

Der **Stichprobenumfang** beträgt im Beispiel *320 Personen.*
Das **Ereignis** ist *Die befragte Person nutzt täglich das Internet.*
Die **relative Häufigkeit** gibt den Anteil an, den die absolute Häufigkeit an dem Stichprobenumfang hat:

$$\textit{relative Häufigkeit} = \frac{\text{absolute Häufigkeit}}{\text{Stichprobenumfang}};$$

im Beispiel $\frac{210}{320} = \frac{21}{32} = 0{,}65625 \approx$ *0,66 oder in Prozent ≈ 65,6 %.*

Relative Häufigkeit

Selbstkontrolle zu S. 54

1. **a)** Richtig, die Balkenhöhen entsprechen jeweils den abs. Häufigkeiten – in beiden Fällen insges. 31.
   b) Falsch, denn für die 8 A beträgt die absolute Häufigkeit 8, für die 8 B ist sie gleich 9.
   c) Falsch, denn die relative Häufigkeit gibt den Anteil der absoluten Häufigkeit an der Stichprobe an.
   d) Falsch, denn der Stichprobenumfang ist 31 und nicht 30, deshalb beträgt die relative Häufigkeit $\frac{4}{31}$.
   e) Falsch, denn die absolute Häufigkeit von „158 cm" ist 3; richtig ist also $\frac{3}{31}$.
   f) Richtig, es gibt insgesamt 14 Schüler (6 + 5 + 2 + 1) mit einer Größe von 162 cm und mehr.
   g) Richtig, der Stichprobenumfang ist bei der Umrechung in Prozent der Grundwert (100 %).
   h) Richtig, da 3 von 31 Schülern 155 cm groß sind und $\frac{3}{31} \approx 0{,}097$, also gerundet 10 Prozent sind.

Wahrscheinlichkeit

Selbstkontrolle zu S. 57

1. **Fehlerkarte zu a):** P(rot) = 0,5; P(nicht-rot) = 0,5; also gleiche Wahrscheinlichkeiten;
   Fehlerkarte zu b): P(braun) = $\frac{7}{40}$, da insgesamt 40 Bonbons im Glas sind;
   Fehlerkarte zu d): P(rot) = 0,5; nur jedes zweite Bonbon ist rot;
   Fehlerkarte zu e): P(braun) = $\frac{8}{41}$, da die Gesamtanzahl sich auf 41 erhöht.

2. **a)** „Zitrone" $\frac{1}{6} \approx 0{,}17$, „Banane" $\frac{1}{6} \approx 0{,}17$, „Zitrone oder Banane" $\frac{1}{6} + \frac{1}{6} = \frac{1}{3} \approx 0{,}33$
   b) „Zitrone" ≈ 0,17, „Erdbeere" ≈ 0,16, „Kirsche" ≈ 0,16, „Birne" ≈ 0,17, „Melone" ≈ 0,18, „Banane" ≈ 0,15
   c) „Zitrone" ≈ 0,17, „Banane" ≈ 0,15, „Zitrone oder Banane" ≈ 0,33
   d) Z. B.: Die Abweichungen entstehen, weil es sich um ein Experiment handelt, bei dem das Glücksrad jedes Mal von Hand gedreht wird.

Wahrscheinlichkeit

Hilfekarten zu S. 57

Theoretische Wahrscheinlichkeit

Ganz allgemein berechnet man die Wahrscheinlichkeit durch $P = \frac{\text{Anzahl der günstigen Ergebnisse}}{\text{Anzahl aller möglichen Ergebnisse}}$

Übrigens:
Der Buchstabe P leitet sich von dem englischen Wort probability (deutsch: Wahrscheinlichkeit) ab.

Beispiel „Glückrad“ 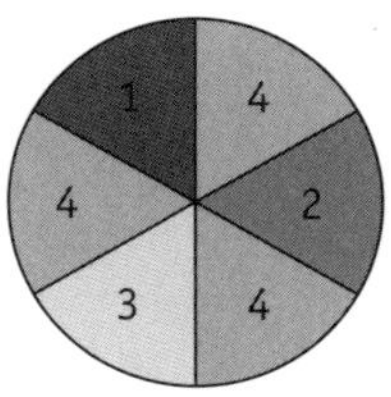	Die Zahlen „1“, „2“ und „3“ decken jeweils ein Sechstel der Fläche des Glücksrads ab, die Zahl „4“ bedeckt drei Sechstel. Die Wahrscheinlichkeit, dass beim einmaligen Drehen des Glücksrades eine „1“ auftritt, ist deshalb $\frac{1}{6}$, denn die Anzahl der günstigen Ergebnisse ist 1 und die Anzahl der möglichen Ergebnisse ist 6. Man schreibt kürzer $P(1) = \frac{1}{6}$. Entsprechend ist die Wahrscheinlichkeit für das Auftreten einer „4“: $P(4) = \frac{3}{6} = \frac{1}{2}$.
Beispiel „Würfel“ 	Bei einem sogenannten idealen Würfel geht man davon aus, dass beim Würfeln alle Zahlen mit der gleichen Chance auftreten, also berechnet man die Wahrscheinlichkeiten durch: $P(1) = \frac{1}{6}$, $P(2) = \frac{1}{6}$, $P(3) = \frac{1}{6}$ usw.

Statistische Wahrscheinlichkeit

Es gibt Zufallsversuche, bei denen nicht klar ist, wie sie ausgehen. Deshalb muss man umfangreiche Versuche durchführen, um die Wahrscheinlichkeiten von einzelnen Ergebnissen zu ermitteln. Man definiert die Wahrscheinlichkeiten dann über die relativen Häufigkeiten.

Beispiel „Heftzwecke“ 	Eine Heftwecke wurde 50-mal geworfen; die Lage „Spitze nach oben“ trat dabei 15-mal auf, die Lage „Spitze zur Seite“ 35-mal. Die relative Häufigkeit von „Spitze nach oben“ ist also $\frac{15}{50}$ und die von „Spitze zur Seite“ $\frac{35}{50}$. Auch nach 5000 Würfen änderte sich an den relativen Häufigkeiten nichts. Man definiert deshalb die **statistische Wahrscheinlichkeit** folgendermaßen: $P(\text{Spitze nach oben}) = \frac{15}{50} = 0{,}3$ und $P(\text{Spitze zur Seite}) = \frac{35}{50} = 0{,}7$.
Beispiel „Autofarbe“ 	Ina hat, als sie krank war und Langeweile hatte, die Farben aller Autos notiert, die durch ihre Straße fuhren. Sie hat insgesamt 1200 Autos gezählt, davon waren 135 blau. Die statistische Wahrscheinlichkeit für das Auftreten eines blauen Autos kann sie mit $P(\text{blaues Auto}) = \frac{135}{1200} \approx 0{,}11$ definieren.

Würfel und Co.: Fair oder nicht?

Selbstkontrolle auf S. 62

 Auch für 2 Lernpartner geeignet.

1. Von den folgenden Zufallsgeräten wird behauptet, dass die Wahrscheinlichkeiten gleich verteilt sind (dass also alle möglichen Ausgänge die gleiche Wahrscheinlichkeit haben). Untersuche und begründe, ob die Behauptung richtig oder falsch ist.

a) Würfeln mit einem normalen Würfel 	☐ richtig ☐ falsch	Begründung: ____________ ____________
b) Würfeln mit einem „Quetsch"-Würfel 	☐ richtig ☐ falsch	Begründung: ____________ ____________
c) Würfeln mit einem Tetraeder mit den Zahlen „1", „2", „3", „4" 	☐ richtig ☐ falsch	Begründung: ____________ ____________
d) Ziehen einer Kugel aus dem Glas 	☐ richtig ☐ falsch	Begründung: ____________ ____________
e) Ziehen einer Dame aus einem Skatspiel 	☐ richtig ☐ falsch	Begründung: ____________ ____________
f) Werfen einer Münze 	☐ richtig ☐ falsch	Begründung: ____________ ____________

2. Der Ikosaeder ist ein regelmäßiger Körper aus zwanzig gleichseitigen Dreiecken. Paul würfelt damit 400-mal, um festzustellen, ob der Ikosaeder gut gearbeitet ist.

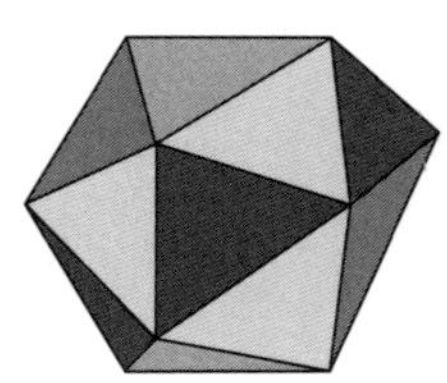

a) Erkläre in diesem Zusammenhang „gut gearbeitet":

____

b) Stell dir vor, die Flächen sind mit den Zahlen von 1 bis 20 durchnummeriert und der Ikosaeder ist fair. Die Zahl „3" kommt bei 400 Würfen vermutlich ________-mal vor, eine gerade Zahl ________-mal.

c) Paul stellt fest, dass die „18" häufiger als die anderen Zahlen vorkam, nämlich 30-mal. Die Wahrscheinlichkeit für die „18" war damit _________. Alle anderen Zahlen kamen (ungefähr) gleich häufig vor. Die Wahrscheinlichkeit für das Auftreten einer der übrigen Zahlen beträgt dann __________.

d) Paul und Viviana spielen mit dem Ikosaeder. Paul gewinnt, wenn er eine durch fünf teilbare Zahl würfelt, Viviana, wenn sie eine Zahl kleiner als fünf würfelt. Wer hat die besseren Chancen?

Wahrscheinlichkeiten vergleichen

Selbstkontrolle auf S. 62

Auch für Partnerarbeit geeignet.

1. Du hast verschiedene Zufallsgeräte zum Würfeln zur Auswahl.

a) Bestimme jeweils die Gewinnwahrscheinlichkeit für jedes Zufallsgerät.

	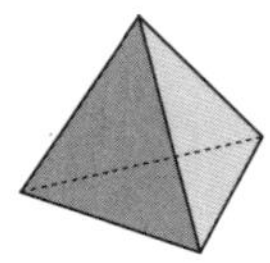	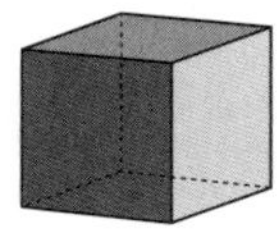	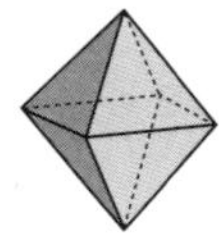	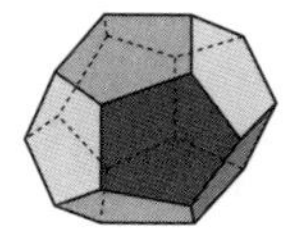	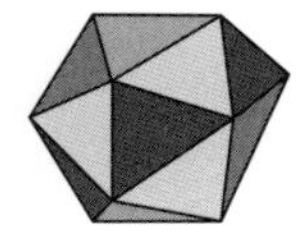
Du gewinnst beim Würfeln	Tetraeder 4 gleichseitige Dreiecke (Zahlen 1 bis 4)	Würfel 6 Quadrate (Zahlen 1 bis 6)	Oktaeder 8 gleichseitige Dreiecke (Zahlen 1 bis 8)	Dodekaeder 12 regelmäßige Fünfecke (Zahlen 1 bis 12)	Ikosaeder 20 gleichseitige Dreiecke (Zahlen 1 bis 20)
❶ einer geraden Zahl;	$\frac{2}{4} = \frac{1}{2} = 0{,}5$				
❷ einer durch 4 teilbaren Zahl;					
❸ einer Zahl kleiner als 4;					
❹ einer ungeraden Zahl, die ein Vielfaches von 3 ist;					
❺ einer durch die Zahlen 5 oder 6 teilbaren Zahl;					
❻ einer Primzahl.					

b) Überlege jeweils, welches Zufallsgerät du wählen solltest, um zu gewinnen.

2. Du sollst Ordnungsdienst in deiner Klasse machen, wenn du ...

a) aus einem Skatspiel ein Ass ziehst,

b) aus einem Glas mit sieben verschiedenfarbigen Kugeln die rote ziehst,

c) aus neun Losen den Hauptgewinn ziehst,

d) beim Drehen dieses Glücksrads ein dunkles Feld „erwischst".

Du willst keinen Ordnungsdienst machen. In welchem der vier Fälle stehen deine Chancen am besten?

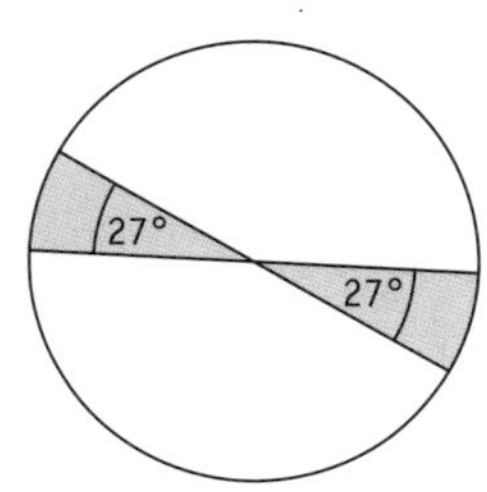

3. Familie Kaiser (drei Personen) hat eine Urlaubsreise für eine Person gewonnen. Es soll ausgelost werden, wer die Reise machen darf. Dazu soll ein Würfel verwendet werden. Sind die folgenden Regeln fair? Begründe.

a) Wer als Erster eine „6" würfelt, hat gewonnen.

b) Die höchste gewürfelte Zahl gewinnt.

c) Es wird der Reihe nach gewürfelt. Wer eine „6" würfelt, verliert und fliegt raus. Der Letzte, der übrigbleibt, gewinnt die Reise.

Daten auswerten II

Selbstkontrolle zu S. 56

1. $40 \mathrel{\hat{=}} \frac{1}{3}$, also muss die gesamte Erhebung 120 Daten umfassen. Die übrigen Werte ergeben sich dann entsprechend. Fehler bei der Berechnung des Mittelwertes: Valerie hat einmal 0,75 € vergessen.

tägliche Ausgabe	0,50 €	0,75 €	1 €	1,10 €	1,20 €	3 €
absolute Häufigkeit	12	5	8	20	40	35
relative Häufigkeit	$\frac{12}{120} = 10\,\%$	$\frac{5}{120} \approx 4{,}2\,\%$	$\frac{8}{120} \approx 6{,}7\,\%$	$\frac{1}{6} \approx 16{,}7\,\%$	$\frac{1}{3} \approx 33{,}3\,\%$	$\frac{35}{120} \approx 29{,}2\,\%$
Mittelwert	$\frac{12 \cdot 0{,}50 + 5 \cdot 0{,}75 + 8 \cdot 1{,}00 + 20 \cdot 1{,}10 + 40 \cdot 1{,}20 + 35 \cdot 3{,}00}{120}\,€ = \frac{192{,}75}{120}\,€ \approx 1{,}61\,€$					

2. a) Minimum: 49 kg; Maximum: 79 kg

b) Median: 63 kg; durchschnittliches Gewicht: 63 kg, identisch.

c) Die relative Häufigkeit für ein Gewicht von 60 kg bis 69 kg: $\frac{10}{28} \approx 0{,}36$.

d) Stimmt, denn 6 Schüler wiegen weniger als 55 kg, also $\frac{6}{28} \approx 21{,}4\,\%$.

e)

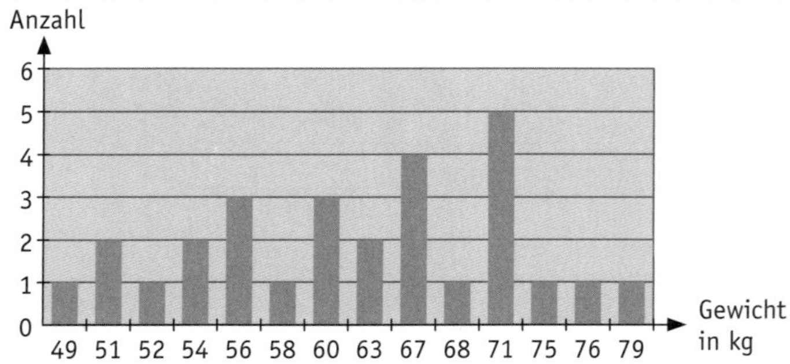

Würfel und Co.: Fair oder nicht?

Selbstkontrolle zu S. 60

1. a) Richtig, jede Zahl von 1 bis 6 tritt mit $P = \frac{1}{6}$ auf.

b) Falsch, die Zahlen auf den zwei größten Seitenflächen treten häufiger auf als die anderen.

c) Richtig, jede Zahl von 1 bis 4 hat die Wahrscheinlichkeit $P = \frac{1}{4}$.

d) Falsch, es gibt nur eine schwarze, aber zwei weiße Kugeln mit der „2".

e) Falsch, 4 von insgesamt 32 Karten sind Damen, also ist die Wahrscheinlichkeit $\frac{4}{32} = \frac{1}{8}$.

f) Richtig, beide Seiten der Münze liegen mit $P = 0{,}5$ oben (Vorauss.: P(Münze liegt auf Kante) = 0).

2. a) Beim Würfeln liegen alle 20 Seiten mit derselben Wahrscheinlichkeit oben.

b) Die „3": $\frac{1}{20} \cdot 400 = 20$-mal; eine gerade Zahl: $\frac{1}{2} \cdot 400 = 200$-mal

c) $P(18)$ ist $\frac{30}{400} = \frac{3}{40} = 0{,}075$; also $P(\text{Zahl} \neq 18) = (1 - 0{,}075) : 19 \approx 0{,}0487$

d) P(durch 5 teilbar) $= \frac{4}{20} = \frac{1}{5}$, P(kleiner als 5) $= \frac{4}{20} = \frac{1}{5}$, also gleiche Chancen.

Wahrscheinlichkeiten vergleichen

Selbstkontrolle zu S. 61

1.

	Tetraeder	Würfel	Oktaeder	Dodekaeder	Ikosaeder	Du solltest wählen ...
❶	0,5	0,5	0,5	0,5	0,5	irgendeins
❷	0,25	0,17	0,25	0,25	0,25	irgendeins, nicht den Würfel
❸	0,75	0,5	0,375	0,25	0,15	Tetraeder
❹	0,25	0,17	0,125	0,17	0,15	Tetraeder
❺	0	0,33	0,25	0,33	0,35	Ikosaeder
❻	0,5	0,5	0,5	0,42	0,4	Tetraeder, Würfel oder Oktaeder

2. a) P(aus einem Skatspiel ein Ass ziehen) $= \frac{4}{32} = 0{,}125$ **b)** P(rote Kugel) $= \frac{1}{7} \approx 0{,}14$

c) P(Hauptgewinn) $= \frac{1}{9} \approx 0{,}11$ **d)** P(dunkles Feld) $= \frac{54°}{360°} = 0{,}15$. Du hast die besten Chancen bei c).

3. Nur die Regel b) ist fair. Bei Regel a) wird der Erste, der würfelt, bevorzugt.

c) Würfeln die beiden Ersten eine „6", so hat der Dritte gewonnen, ohne überhaupt gewürfelt zu haben.

ERFOLGSÜBERPRÜFUNG

Name: ______________________ Klasse: __________ Datum: ______________

Hier kannst du überprüfen, ob sich dein Üben gelohnt hat.
Lies die Aufgaben genau durch und beantworte sie dann in Ruhe.
Du benötigst für einige Aufgaben ein zusätzliches Blatt.
Nach jeder (Teil-)Aufgabe kreuze an, wie du sie empfunden hast.

1. Sieben Schülerinnen und Schüler der Klasse 7 c vergleichen die Punktzahlen ihrer letzten Mathematikarbeit: Antje 15, Uli 12, Barbara 16, Dieter 12, Elke 10, Claus 11, Stephan 15.

a) Erstelle eine Rangliste: ______________________________.

Die wenigsten Punkte hat ______________, die meisten hat ______________.

b) Bestimme das Minimum ____________, das Maximum ____________, die Spannweite ____________, den Median (Zentralwert) ____________ und den Mittelwert (arithmetisches Mittel) ______________________.

c) Die Punkte aller Schülerinnen und Schüler der Klasse 7c werden in einer Strichliste notiert. Ergänze die absoluten Häufigkeiten.

Punkte	10	11	12	13	14	15	16
Schüler/innen	||	|	𝍸 ||	𝍸 𝍸	𝍸 |	|||	|
absolute Häufigkeiten							

und berechne den Mittelwert ______________________________.

2. Sören dreht 300-mal ein Glücksrad mit sechs gleich großen Feldern.

a) Ergänze die relativen Häufigkeiten in der Tabelle in Prozent. Lies dazu Sörens Würfelergebnisse aus dem Diagramm ab.

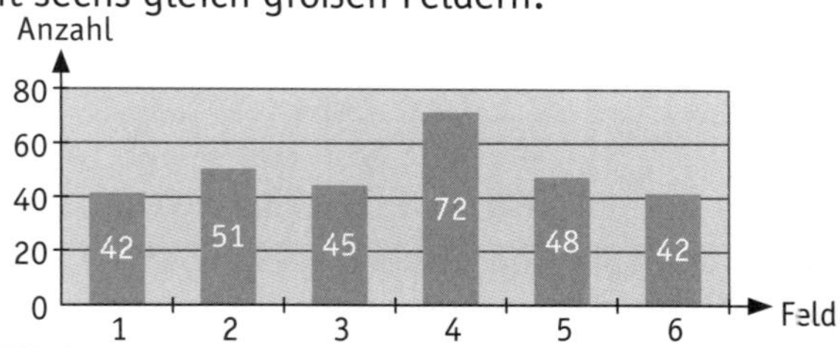

Feld	1	2	3	4	5	6
relative Häufigkeit						

b) Ist das Glücksrad fair? Begründe.

3. Lilla würfelt mit einem normalen Würfel, Oliver mit einem Spezialwürfel. Bestimme die Wahrscheinlichkeiten.

	Wahrscheinlichkeit des Ereignisses für den Würfel von	
Ereignis	Lilla 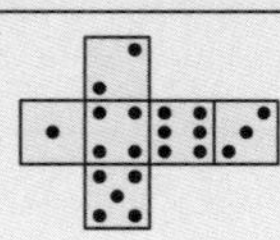	Oliver 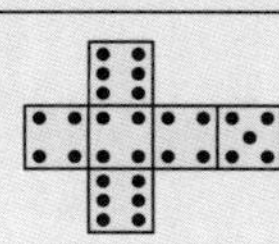
Würfeln einer „4"		
Würfeln einer geraden Zahl		
Würfeln einer Zahl kleiner oder gleich 2		

Die Aufgabe war: (1. a), b), c); 2. a), b))

1. Sieben Schülerinnen und Schüler der Klasse 7c vergleichen die Punktzahlen ihrer letzten Mathematikarbeit: Antje 15, Uli 12, Barbara 16, Dieter 12, Elke 10, Claus 11, Stephan 15.

a) Erstelle eine Rangliste: *10; 11; 12; 12; 15; 15; 16.*
Die wenigsten Punkte hat *w*, die meisten hat *Barbara*.

b) Bestimme das Minimum *10 Punkte*, das Maximum *16 Punkte*, die Spannweite *6 Punkte*, den Median (Zentralwert) *12 Punkte* und den Mittelwert (arithmetisches Mittel) *13 Punkte*.

c) Die Punkte aller Schülerinnen und Schüler der Klasse 7c werden in einer Strichliste notiert. Ergänze die absoluten Häufigkeiten.

Punkte	10	11	12	13	14	15	16
Schüler/innen	II	I	~~IIII~~ II	~~IIII~~ ~~IIII~~	~~IIII~~ I	III	I
absolute Häufigkeiten	*2*	*1*	*7*	*10*	*6*	*3*	*1*

und berechne den Mittelwert

$$\frac{2 \cdot 10 + 1 \cdot 11 + 7 \cdot 12 + 10 \cdot 13 + 6 \cdot 14 + 3 \cdot 15 + 1 \cdot 16}{30} \text{ Punkte} = \frac{390}{30} \text{ Punkte} = 13 \text{ Punkte}.$$

2. Sören dreht 300-mal ein Glücksrad mit sechs gleich großen Feldern.

a) Ergänze die relativen Häufigkeiten in der Tabelle in Prozent. Lies dazu Sörens Würfelergebnisse aus dem Diagramm ab.

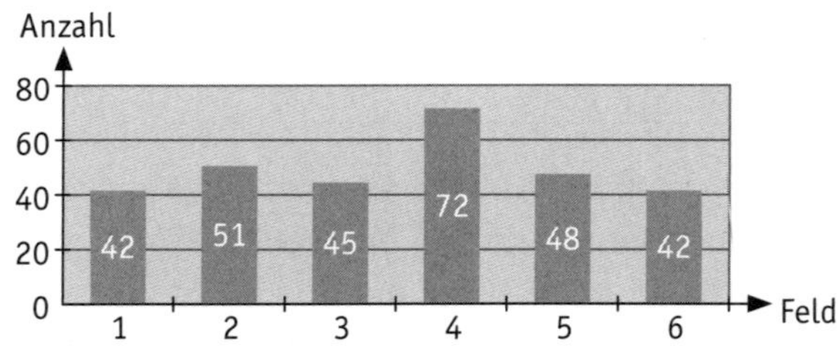

Feld	1	2	3	4	5	6
relative Häufigkeit	$\frac{42}{300} = 14\,\%$	$\frac{51}{300} = 17\,\%$	$\frac{45}{300} = 15\,\%$	$\frac{72}{300} = 24\,\%$	$\frac{48}{300} = 16\,\%$	$\frac{42}{300} = 14\,\%$

b) Ist das Glücksrad fair? Begründe.
Es handelt sich vermutlich (da nur 300-mal gedreht wurde) nicht um ein faires Glücksrad, weil die absoluten bzw. relativen Häufigkeiten sehr stark voneinander abweichen. Die Werte müssten bei einem fairen Zufallsgerät ungefähr identisch sein (ca. 16,7 %).

3. Lilla würfelt mit einem normalen Würfel, Oliver mit einem Spezialwürfel.
Bestimme die Wahrscheinlichkeiten.

	Wahrscheinlichkeit des Ereignisses für den Würfel von	
Ereignis	Lilla 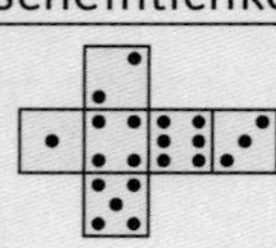	Oliver 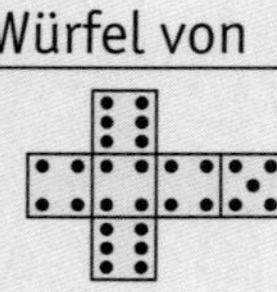
Würfeln einer „4“	$\frac{1}{6} \approx 16{,}7\,\%$	$\frac{3}{6} = \frac{1}{2} = 50\,\%$
Würfeln einer geraden Zahl	$\frac{3}{6} = \frac{1}{2} = 50\,\%$	$\frac{5}{6} \approx 83{,}3\,\%$
Würfeln einer Zahl kleiner oder gleich 2	$\frac{2}{6} = \frac{1}{3} \approx 33{,}3\,\%$	$\frac{0}{6} = 0\,\%$